U0188945

# 环境小使者
# 笔下的美丽中国

## 家门口的自然笔记

生态环境部宣传教育中心 组编

科学普及出版社
·北 京·

**图书在版编目（CIP）数据**

环境小使者笔下的美丽中国：家门口的自然笔记 / 生态环境部宣传教育中心组编. -- 北京：科学普及出版社，2023.12
ISBN 978-7-110-10636-5

Ⅰ.①环… Ⅱ.①生… Ⅲ.①生态环境建设 – 中国 – 青少年读物 Ⅳ.①X321.2-49

中国国家版本馆CIP数据核字(2023)第217671号

---

| | |
|---|---|
| **策划编辑** | 郑洪炜 |
| **责任编辑** | 郑洪炜　宗泳杉 |
| **封面设计** | 金彩恒通 |
| **正文设计** | 金彩恒通 |
| **责任校对** | 吕传新 |
| **责任印制** | 徐　飞 |
| **出　　版** | 科学普及出版社 |
| **发　　行** | 中国科学技术出版社有限公司发行部 |
| **地　　址** | 北京市海淀区中关村南大街 16 号 |
| **邮　　编** | 100081 |
| **发行电话** | 010-62173865 |
| **传　　真** | 010-62173081 |
| **网　　址** | http://www.cspbooks.com.cn |
| **开　　本** | 787mm × 1092mm　1/16 |
| **字　　数** | 100 千字 |
| **印　　张** | 6.75 |
| **版　　次** | 2023 年 12 月第 1 版 |
| **印　　次** | 2023 年 12 月第 1 次印刷 |
| **印　　刷** | 河北环京美印刷有限公司 |
| **书　　号** | ISBN 978-7-110-10636-5/X · 77 |
| **定　　价** | 68.00 元 |

（凡购买本社图书，如有缺页、倒页、脱页者，本社发行部负责调换）

# 编 委 会

**主 任**

田成川　邱少军

**副主任**

闫世东　曾红鹰　祝真旭

**主 编**

颜莹莹　于现荣

**副主编**

周　莹　谢　颖

**顾 问**

黄秀军　陈红岩　肖　翠　孟祥伟

**策 划**

颜莹莹

**成 员**

金玉婷　焦志强　尹芊又　李原原

靳增江　肖　娟　高　芳　李　琦

任若凡　吴　莹　胡晓蔚

**感谢深圳市华基金生态环保基金会对本书出版提供的支持**

# 前　言

为培养青少年的生态文明价值观，鼓励青少年参与生态环境保护，在生态环境部宣传教育司的指导下，生态环境部宣传教育中心与中国儿童中心、深圳市华基金生态环保基金会合作，自 2018 年起，每年举办“美丽中国，我是行动者”青少年自然笔记征集活动。活动得到各级生态环境部门、教育部门及校外机构的积极响应，广大青少年群体、相关领域教育活动专家及指导教师广泛参与，成为推动青少年生态环境教育的有益途径。通过一份份千姿百态、多姿多彩的自然笔记，我们看到了孩子们眼中的大自然，感受到孩子们对建设美丽中国的信心和向往。

自然笔记征集活动鼓励少年儿童走进自然，在自然中学习、体会，以手写、手绘的形式，记录在自然中观察到的物、事、人，记录从大自然中受到的熏陶与启迪，学习科学的探究方法，同时传播亲近自然、热爱自然、保护生态环境的理念。

自然笔记遵循了人们学习、成长与发展的自然规律，引导青少年关注身边的世界，以观察作为学习历程的起点，以笔记记录周围世界的信息，强调丰富青少年的实践操作

与情感体验。这些成长与发展的学习过程，帮助青少年逐渐形成基于对话和分享、互依互助的学习共同体。

党的二十大报告提出，中国式现代化是人与自然和谐共生的现代化，并将促进人与自然和谐共生作为中国式现代化本质要求之一。自然笔记活动引领青少年在绿水青山中发现自然之美，享受自然之美，传播自然之美，将在新时代环境教育及教育创新中起到积极的作用。接下来，请读者朋友继续翻阅这本书，一起感受和领略自然笔记的创作成果吧！

生态环境部宣传教育中心<br>2023 年 10 月

# 目　录

## 第一章　我笔下的神奇植物



## 第二章　我笔下的多样动物

## 第三章　我笔下的美丽中国生态



## 和专家一起去探索



## 开启奇妙的拥抱自然之旅



## 记录我眼中的美丽中国

# 第一章

# 我笔下的神奇植物

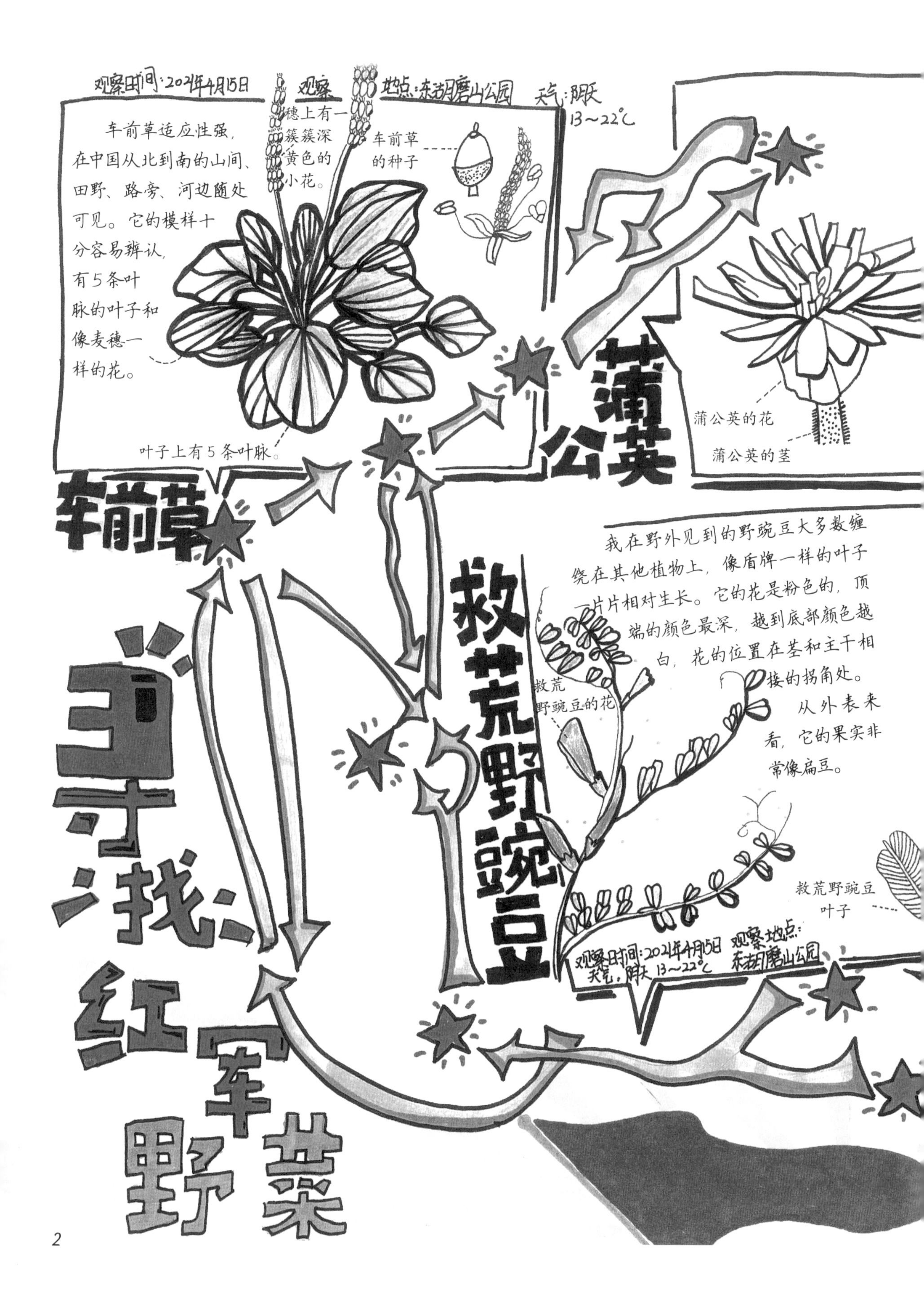
观察时间：2021年4月15日
观察地点：东湖磨山公园
天气：阴天 13～22℃
车前草适应性强，在中国从北到南的山间、田野、路旁、河边随处可见。它的模样十分容易辨认，有5条叶脉的叶子和像麦穗一样的花。
穗上有一簇簇深黄色的小花。
车前草的种子
叶子上有5条叶脉。
车前草
蒲公英
蒲公英的花
蒲公英的茎
救荒野豌豆
我在野外见到的野豌豆大多数缠绕在其他植物上，像盾牌一样的叶子一片片相对生长。它的花是粉色的，顶端的颜色最深，越到底部颜色越白，花的位置在茎和主干相接的拐角处。
从外表来看，它的果实非常像扁豆。
救荒野豌豆的花
救荒野豌豆叶子
观察时间：2021年4月15日
天气：阴天 13～22℃
观察地点：东湖磨山公园
寻找红军野菜

姓　　名：胡执礼
年　　龄：10 岁
作品名称：《寻我红军野菜》

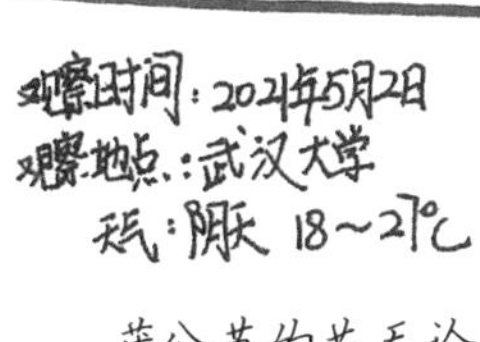


蒲公英的花无论是从形状还是颜色来看都非常像菊花。我把花下面的茎切断后发现：茎是空心的，还有白色汁液流出。蒲公英的叶子特别像鱼的骨头，摸起来没有绒毛和尖刺。叶子一般会紧紧贴着地面，非常难采集。

整株蒲公英

蒲公英的叶子

蒲公英的根

没有红军战士的野菜苦，就没有我们的饭菜香，如今香甜可口的一粥一饭，都离不开当年红军战士的付出与牺牲，我们是新时代的青少年，我们要努力学习，不辜负红军战士们用生命换来的祖国和平和富强，为实现中国梦而努力奋斗！

## 东方荚果蕨

东方荚果蕨的叶子会蜷缩在一起。

东方荚果蕨的根表面有大量棕黑色的须。

叶子特别舒展，顶部有点弯曲。

观察时间：2021年4月29日至今
观察地点：家里阳台

2021 年 4 月 29 日，我把一棵东方荚果蕨的小苗移栽到盆子里，开始观察它的生长。到 5 月 16 日，它的叶子就从“小蜗牛”的样子长到了 31 厘米长。

记录人：胡执礼

# 探索生命的奥秘——小番茄

姓　　名：李宝娜
年　　龄：13岁
作品名称：《探索生命的奥秘——小番茄》

小番茄根系发达，叶为奇数羽状复叶。
借助风来传粉。
果实直径1~3厘米，色泽鲜艳，有红、黄、绿等颜色。
历经约3个月，小番茄已经成熟。

观察时间：2021年5月23日—8月23日
观察地点：小菜园
观察对象：圣女果，又称小番茄

①　5月23日　晴

今天，我在家里翻到了一些种子，妈妈说那是小番茄的种子，我把种子种到了自家的小菜园里。

②　5月29日　阴

经过在网上搜索小番茄的资料，我对小番茄进行了精心的照顾，今天我发现小番茄发芽了。

③　6月7日　晴

我来到了小菜园，小番茄已经开花了，还有一两个已经结出青色小番茄。

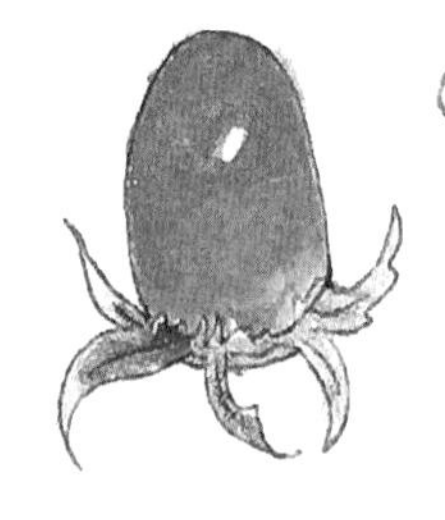

④　8月23日　晴

今天，我发现小番茄都已经成熟，个个都红彤彤的。

时间：2021年
地点：爷爷家
姓名：唐汐辰

# 香椿

《庄子·逍遥游》载："上古有大椿者，以八千岁为春，以八千岁为秋。"中国人与香椿的缘分，可以说是源远流长。中国是香椿的故乡，古人见多了高大繁茂的香椿，视其为长寿的象征。同时，中国还是世界上唯一有吃香椿习俗的国家，最早的食用记录见于唐代。

## 香椿花

等到香椿树枝叶繁茂时，我们才能见到叶间有花序伸出。一个树枝上有许多花，花小，大概4~5毫米长，有短花梗。花瓣有5片，白色，长圆形。一朵朵小花聚在一起，就像一串小小的梵钟。

## 香椿

楝科香椿属。性喜光，较耐湿。适宜生长于海拔1600米以下的沙质土壤中。原产地中国，象征长寿。

## 香椿叶

叶具长柄，偶数羽状复叶，对生或互生，卵状披针形或卵状长椭圆形。

观察：我发现叶片两端并不对称且新叶为粉绿色。

## 香椿子

香椿果实。外表黑褐色，有细纹理，内里黄棕色，光滑，厚约2.5毫米，质脆。

姓　　名：唐汐辰
年　　龄：14岁
作品名称：《香椿》

## 香椿芽

### 红香椿

因其颜色红得发紫，也叫紫香椿。与绿香椿相比，红香椿油脂含量更高，纤维更少，口感更为细腻，味道更为浓郁。

### 绿香椿

比红香椿成熟季节晚一些。油脂含量更低，口感更清淡。

## 花样吃法

煎炒　焯水凉拌　炸食　蒸食　腌渍

# 番薯

（茄目旋花科植物）

姓　　名：李晨溪
年　　龄：8岁
作品名称：《番薯》

别名：甘薯、山芋、地瓜、甜薯、红薯、红苕等。

上海市浦东新区唐镇小学　李晨溪

番薯有多种栽培方法，我采用的是“克隆法”。

时间：春季夏季
地点：浦东新区
指导老师：沈丹丹

我们栽种的番薯是块根上长出的薯苗。薯苗会把原来番薯块根的性状全部复制过来，就好像克隆一样。

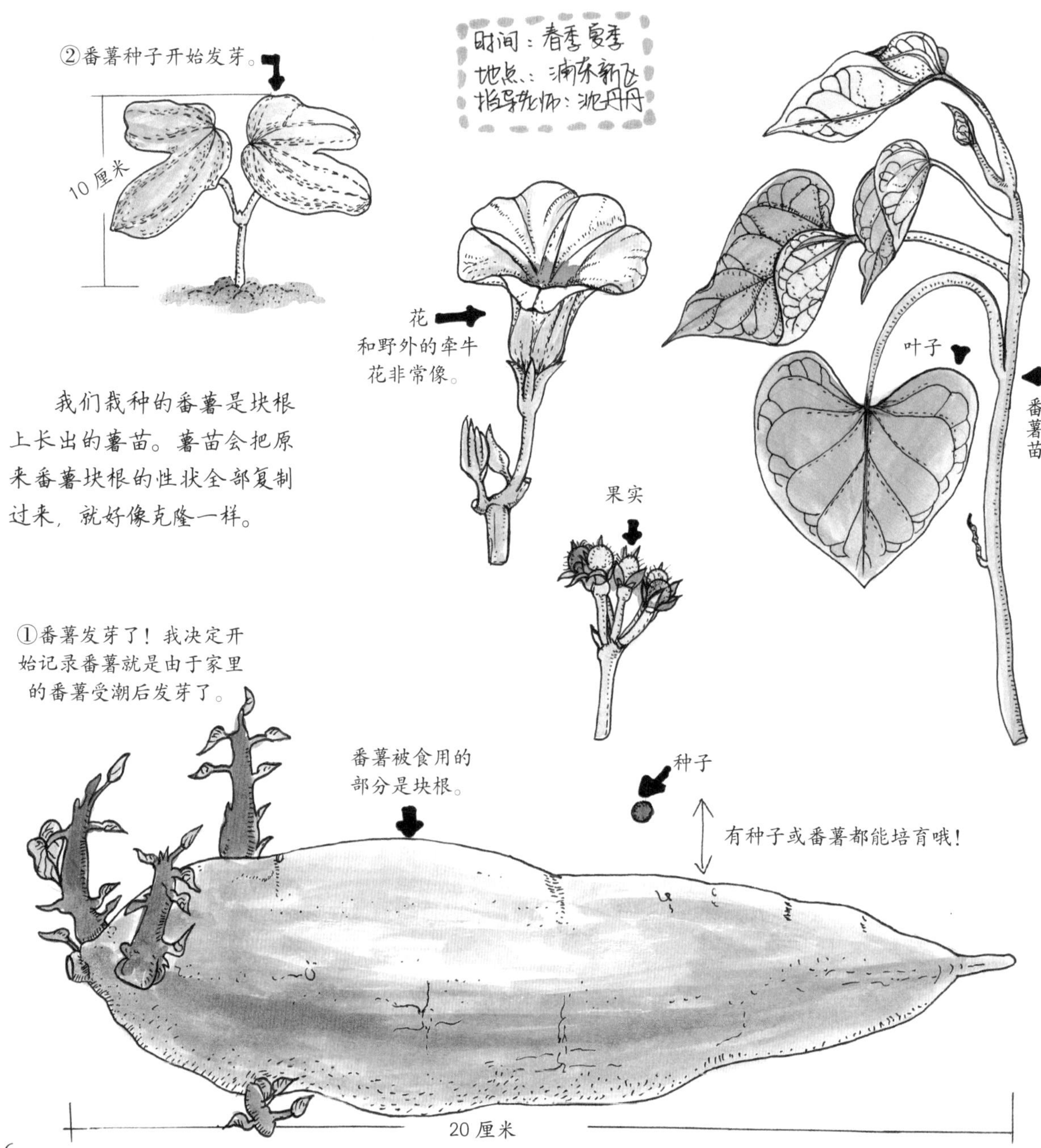

②番薯种子开始发芽。
10厘米
花
和野外的牵牛花非常像。
叶子
番薯苗
果实
①番薯发芽了！我决定开始记录番薯就是由于家里的番薯受潮后发芽了。
番薯被食用的部分是块根。
种子
有种子或番薯都能培育哦！
20厘米

感悟

自然以它宽阔的胸怀拥抱着人类，用它独特的魅力吸引着人类，用它伟大的智慧提醒着人类，无形中给予我们许多事物，为我们带来无尽的好处。可我们对自然的认识还有很多盲区，为它带来的好处而兴奋时，也害怕它带来的灾害。无知是对大自然感到恐惧的源头，我们应该主动地多去了解自然，多观察自然且保护自然环境，真正做到与大自然和谐共处。

资料查询

桑是桑科桑属落叶乔木或灌木，高可达15米。雄雌异株，5月开花，葇荑花序。果熟期6—7月，聚花果，喜光，幼时稍耐阴。喜温暖湿润气候，耐寒。耐干旱、耐水湿能力强。原产于中国，中国东北至西南各省（区、市）、西北直至新疆均有栽培。中亚各国、朝鲜、日本、蒙古、印度、越南、欧洲等地均有栽培。叶为桑蚕饲料，木材可制器具，枝条可编箩筐，桑皮可作造纸原料，桑葚可供食用、酿酒，叶、果、根和皮均可入药。

观察发现：

在小公园的一个小角落里有一棵桑树，上面结出了许多又大又紫的桑葚。桑树并不高，但枝繁叶茂，果子也很多，树前挡着许许多多的杂草，不注意看还发现不了它。我忍不住摘了几颗桑葚，并带回了家。妈妈看见了便很认真地告诉我："你知道吗？桑葚是具有补肾、护肝养颜、助消化的功效的，还可以酿成酒……"我顿时就来了兴趣，我再次来到小公园，蹲在桑树前想要发现它其他的特点。一串串沉甸甸的桑果挂满了枝头，它们有的快要熟透了，有的才刚刚成熟。芽鳞呈覆瓦状排列，灰褐色，有细毛。桑叶先端急尖，渐尖或圆钝，边缘锯齿粗钝，有各种不规则分裂。桑果紫得几乎要变成黑色了，仔细看像无数小圆球黏在一起，每个小圆球上都有一根小而细的毛毛。

桑葚

时间：2021年8月11日
地点：家的后院
观察人：钟梓萱
学校：福建省宁德市蕉城区民族实验学校

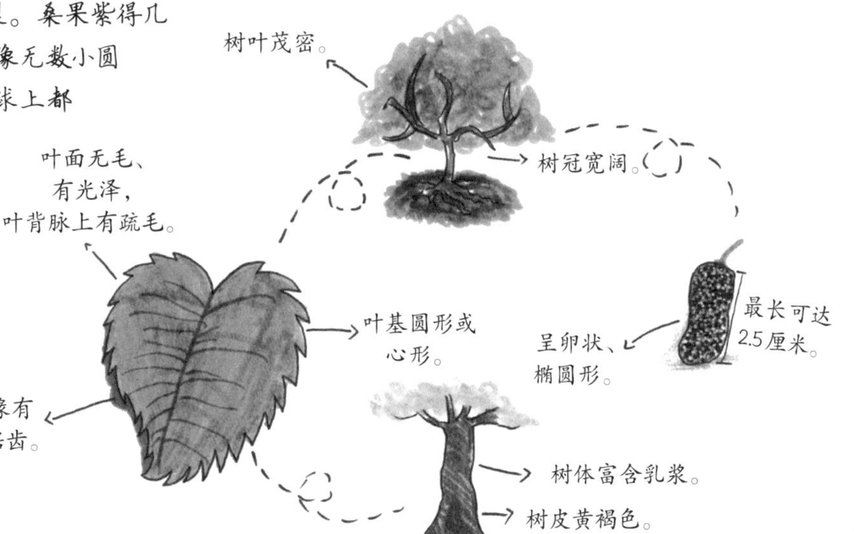
树叶茂密。
树冠宽阔。
叶面无毛、
有光泽，
叶背脉上有疏毛。
叶基圆形或
心形。
最长可达
2.5厘米。
呈卵状、
椭圆形。
边缘有
粗锯齿。
树体富含乳浆。
树皮黄褐色。

姓　　名：钟梓萱
年　　龄：12岁
作品名称：《桑葚》

4月17日 星期六 天气：晴
家门口的好朋友
我家门口长了一大片火龙果，我细细地端详着。我发现它的茎向四周无拘无束地生长，茎上长着约3厘米长的、细细的气根，它们就像女人蓬松的头发。它们有长有短，都是一顺儿地朝四周生长。从主茎上又分出了许多小短茎，真是茎连茎，茎缠茎，茎挨茎，形成了一张巨大的绿网。茎上面每隔约3厘米就有一个刺座，每个刺座都像一个厉害的小方阵，火龙果则像一个大方阵。每个刺座上长了约3根各5毫米左右的刺。
火龙果
作者：庄佳坤
晋江第二实验小学（11岁）
SUNARO
5月10日 星期一
今天，我非常开心，原因是火龙
果长花苞了。花苞的外皮就像鳞片一
样裹着花苞，那一片片的鳞片呈扁平

姓　　名：庄佳坤
年　　龄：11岁
作品名称：《火龙果》

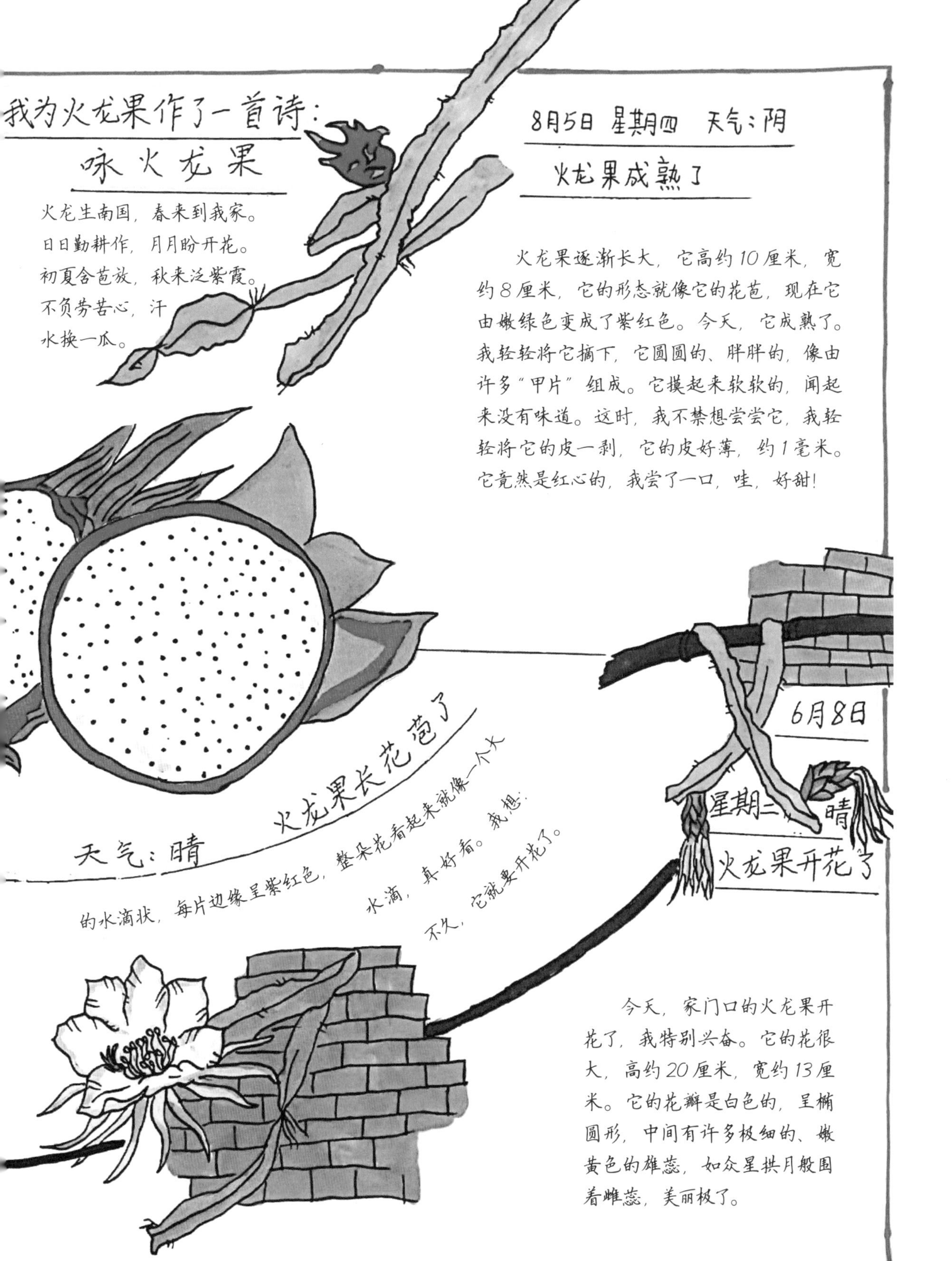
我为火龙果作了一首诗：
咏火龙果
火龙生南国，春来到我家。
日日勤耕作，月月盼开花。
初夏含苞放，秋来泛紫霞。
不负劳苦心，汗
水换一瓜。
8月5日 星期四 天气：阴
火龙果成熟了
火龙果逐渐长大，它高约10厘米，宽约8厘米，它的形态就像它的花苞，现在它由嫩绿色变成了紫红色。今天，它成熟了。我轻轻将它摘下，它圆圆的、胖胖的，像由许多“甲片”组成。它摸起来软软的，闻起来没有味道。这时，我不禁想尝尝它，我轻轻将它的皮一剥，它的皮好薄，约1毫米。它竟然是红心的，我尝了一口，哇，好甜！
天气：晴
火龙果长花苞了
的水滴状，每片边缘呈紫红色，整朵花看起来就像一个大
水滴，真好看。我想：
不久，它就要开花了。
6月8日
星期二
晴
火龙果开花了
今天，家门口的火龙果开花了，我特别兴奋。它的花很大，高约20厘米，宽约13厘米。它的花瓣是白色的，呈椭圆形，中间有许多极细的、嫩黄色的雄蕊，如众星拱月般围着雌蕊，美丽极了。

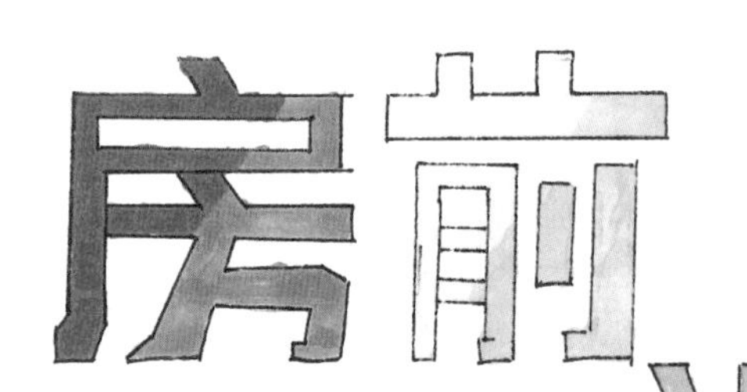


# 房前沿阶草

时间：2021.8.12　作者：李欣语
地点：山东省东营市东营区
天气：晴　指导老师：王鲁滨

| 姓　　名： | 李欣语 |
|---|---|
| 年　　龄： | 12岁 |
| 作品名称： | 《房前沿阶草》 |

感悟　大自然给予我们许多美妙的事物，但我们却对其中许多都未曾留意，其实楼下的一株小草、路边的一丛小花，都有它的美。“世界上并不缺少美，而是缺少发现美的眼睛”，让我们用那双发现美的眼睛，去观察身边的自然吧！

我漫步于楼下，忽见几丛淡紫色花朵，高至十几厘米，矮至几厘米，很是好看，本以为是薰衣草，上网搜了搜才知此花名为“沿阶草”。我忽然心生疑问：这么多的沿阶草种在这里只是为了观赏吗？还是另有他用？

## 形态特征

叶子：禾叶状，长20~40厘米，宽2~4毫米，先端渐尖，边缘具细锯齿。

花：花丝短，不及1毫米，花药狭披针形，常呈黄绿色。

根：根纤细，近末端处有小块根。

花葶：长5~8厘米。

沿阶草与麦冬、薰衣草等性状相似，千万不要搞混哟！

沿阶草具有耐阴性、耐热性、耐寒性、耐湿性、耐旱性五种特性。

许多人认为沿阶草只不过是一株草罢了，其实，沿阶草是有很大用途的！

沿阶草的块根可以入药，养阴、生津、润肺、止咳；将沿阶草全株入药可以治疗肺燥干咳、阴虚劳嗽、津伤口渴、消渴、心烦失眠、咽喉疼痛、肠燥便秘，能滋阴润肺、益胃生津、清心除烦等。

沿阶草属于被子植物门木兰纲天门冬目天门冬科沿阶草属。

沿阶草分布于中国的华东地区以及云南、贵州、四川、湖北、河南、陕西、甘肃、西藏、台湾等地。

沿阶草长势旺盛，耐阴性强、植株低矮，根系发达，覆盖效果较好，是一种良好的地被植物，可成片栽于风景区的阴湿空地和水边湖畔。叶色终年常绿、花葶直挺，花色淡雅，也能作为盆栽观叶植物。

日期：2021.9.15
天气：晴
地点：家门口
记录人：徐若璇

——矮牵牛

| | |
|---|---|
| 姓　　名： | 徐若璇 |
| 年　　龄： | 11 岁 |
| 作品名称： | 《可爱的小喇叭——矮牵牛》 |

叶子呈椭圆形、卵形。

2 厘米

叶子是对生的，花朵都是从叶子旁边长出来的。

叶子的正面、反面都有细小柔毛。

我家的矮牵牛开花了，牵牛花还没开花。听说它们的花朵区别很大，等牵牛花开花了，我一定好好比较它们有何不同。

墨绿色，叶子三裂，表面较光滑。

朝着一个方向旋转。

形状呈心形。

这是我家门口的牵牛花，这株植物是缠绕着生长的花，是藤本植物，虽然和矮牵牛都叫作“牵牛”，但并不是“亲戚”。

雌蕊

1 枚

2 厘米

矮牵牛的全株都有细毛，茎细小，目前开出的花呈粉色，花色渐变，花瓣厚且上挺，花茎半木质化，耐雨淋。

1.5 厘米

雄蕊

5 枚，环绕着雌蕊生长。

酷似小喇叭，花筒较浅。

3 厘米

4 厘米

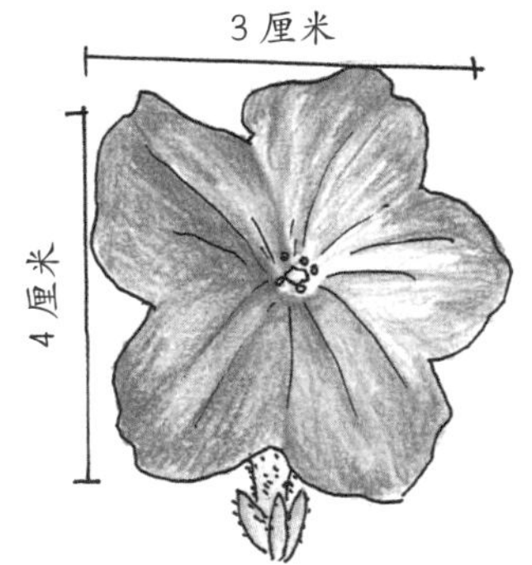

矮牵牛从花心至花瓣边缘是由浅到深的渐变色。

花朵背后和花筒上有细小柔毛。

花萼

花萼像 5 片小叶子紧紧地包裹着花朵，它可比花朵皮实得多，有的花掉落了，但萼片还在枝头。

草本

15 厘米

感受：矮牵牛在夜间不畏寒冷，不屈不挠，迎着风昂首挺胸，就像一位不畏艰难、攀登高峰的勇士！矮牵牛的花期不长，过几天就有几朵花凋谢了，但它还是富有一丝生机与活力，从矮牵牛身上我感受到了大自然的奇特、美丽！

姓　　名：郭彦冰
年　　龄：11岁
作品名称：《入侵者——乌蔹莓》

# 入侵者——乌蔹莓

记录人：郭彦冰
时间：2021年7月13日
地点：小区里
天气：晴
指导老师：吴欢老师

有光的地方有很多叶子，还有花和果实。

乌蔹莓的小茎

乌蔹莓用从茎上长出来的小茎，紧紧缠在树枝上，我用手把小茎扒开后，发现树枝被勒出了印子。

我在一棵桂花树上发现了很多不属于它的树叶、花和果实。我发现它们把桂花树紧紧地缠了起来。它们就是入侵者——乌蔹莓。

乌蔹莓的花很小，只有几毫米，花瓣、雄蕊、雌蕊都长在花盘上。

乌蔹莓可以绞杀植物。

成熟　未成熟

连接处发红。

它的叶子上有很多小锯齿，由5片小叶组成鸟足状。

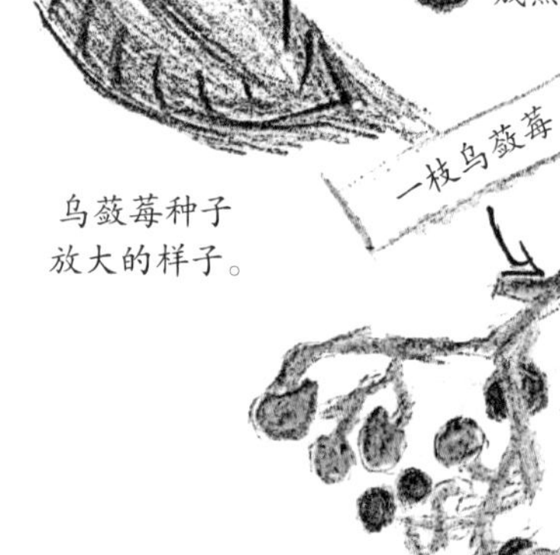

乌蔹莓种子放大的样子。

一枝乌蔹莓

乌蔹莓的很多果实未成熟时是绿色的，成熟后是黑紫色的。

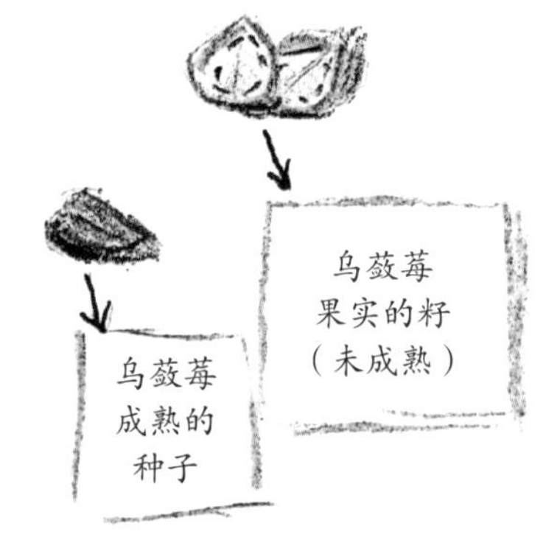

乌蔹莓果实的籽（未成熟）

乌蔹莓成熟的种子

乌蔹莓的果实长在阳光充足的树冠上，有的成熟，还有的未成熟。

剖开

把乌蔹莓果实剖开后就像左图一样，它像一个倒过来的心形。

# 深秋的「千里红」

石楠树的果实整体摸起来很光滑，局部有点儿沙沙的感觉，顶上呈五角星形，像它的头发。将它剥开闻，有一股猕猴桃的味道。

石楠树新鲜的果实

叶片正面的颜色比较鲜艳，背面灰灰的，但比正面颜色浅。

姓　　名：李若妍
年　　龄：11岁
作品名称：《深秋的“千里红”》

感受

从远处看去，我以为这是一棵桂花树，走近了看，才发现这是一棵石楠树。此时的石楠树已经没有了臭臭的气味，但它的叶子依旧在枝上，上面还长了些可爱的小果子。

石楠的叶子边缘是小锯齿形的。

长约2毫米

石楠树枯萎的果实

在树丛下，我找到了一枝已经枯萎的树枝，石楠果实枯萎后已经没有了水分，都缩成了小小的样子，皱皱的叶片也变得很脆，上面还有虫子啃食过的痕迹。

石楠的叶子枯萎后变成了深棕色，枝干变得又脆又轻。

时间：2020年11月5日
地点：学校篮球场旁
天气：晴
观察者：李若妍
学校：武汉市华侨城小学
组别：小学组

# 松林下有趣的灵魂

时间：2020年12月20日（冬至前一天）
地点：岚峰林场
天气：晴
记录人：陈俊竹

晚冬的岚峰林场到处草枯叶黄，看不到什么生机。

漫步在松树林下，感觉随时都会被枯藤、杂草缠绕住。空气中、草丛中、泥土里都充满了种子的味道。恍惚间我已被一种生命的力量给牵引住，低头一看，满裤腿上都粘上了黑色的小针。

“这是什么？”我用手小心地拔下一根，仔细观察。

原来这就是传说中的鬼针草。

黑色，长线形，长约 2 厘米，宽约 1 毫米。

顶端芒刺 3~4 根，有倒刺毛。

鬼针草成熟果实

它是不是想借着我的行走远走他乡！

这让我想起了小学学过的一篇课文《植物妈妈有办法》里的苍耳，它们和鬼针草一样，依靠倒刺毛，让人类或动物将它们从出生地带到远方，开启生命的轮回。更让我感到惊喜的是在这近 20 米$^2$ 的范围内，我和妹妹还发现了一些长着翅膀的种子，它们是什么？它们是怎样来到这儿的呢？

淡棕黄色，有双片翅膀，小坚果球形，直径 7 毫米。

脉纹显著，翅与小果共长 2~2.5 厘米，张开成钝角。

如昆虫薄翅的结构，常成对生长，成熟后掉落时会自旋式下落。

鸡爪槭种子

棕黄色，有单片翅膀，球果圆柱形，膜质阔翅，种翅上部较宽，约与种鳞等长。

油杉种子

单片翅膀的它飞行起来是什么样的呢？

浅褐色，翅果长椭圆形。长 3~4.5 厘米，宽 1 厘米。种子在翅的中间，扁圆形。

臭椿种子

外形特别的它飞行起来又是怎样的呢？

叶卵圆形，长 7~14 厘米，宽 5.5~9 厘米，上部无毛。

椴树种子

果实球状，宽约 9 毫米，无棱，有小突起被星状绒毛。

这时，妹妹从不远处捡到一片干枯的树叶，她跑过来：“姐姐，快看！这片树叶好奇特，树叶上面长着果实。”

这个种子为什么还带着一片“叶”，它又是怎样来到这里的呢？

带着疑问，我马上上网查询“带翅膀的种子”，结果中有这些：

木蝴蝶

铜钱树的种子

络石的种子

形态各异的种子们靠着风开始了它们的探险之旅。

我好奇的是：它们飞行的运动方式都一样吗？几种形状不同的种子降落的速度都一样吗？

为了找到这些问题的答案，我做了个小实验，用实验结果来得出问题的答案。

我和妈妈利用身边的废纸和胶棒制作出了简单的翅果飞行器。

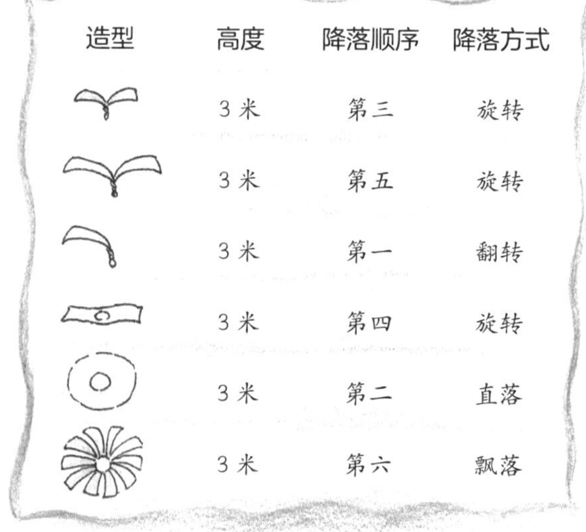

| 造型 | 高度 | 降落顺序 | 降落方式 |
| --- | --- | --- | --- |
|  | 3 米 | 第三 | 旋转 |
|  | 3 米 | 第五 | 旋转 |
|  | 3 米 | 第一 | 翻转 |
|  | 3 米 | 第四 | 旋转 |
|  | 3 米 | 第二 | 直落 |
|  | 3 米 | 第六 | 飘落 |

姓　　名：陈俊竹
年　　龄：13 岁
作品名称：《松林下有趣的灵魂》

与种子们相遇，仿佛遇到了一个个有趣的灵魂。它们会飞，它们有自己的希望和梦想。但是它们得到重生前，需要越过多少艰难困苦呀！我漫步在松林下的过程就是和这些灵魂对话的过程。

它们让我感受到了生命的力量与精彩！

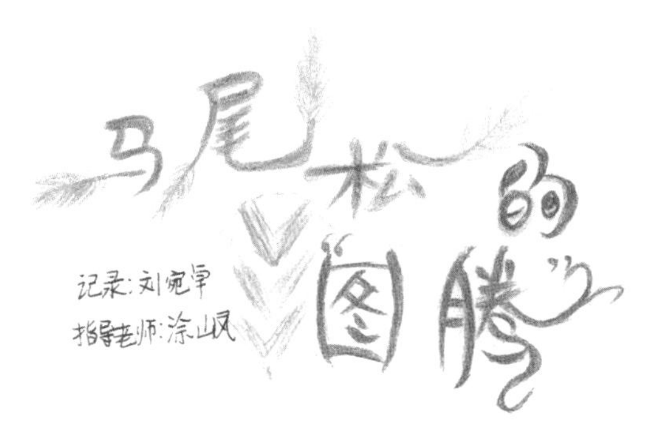

马尾松的图腾
记录：刘宛卓
指导老师：涂山凤


松树的叶子像针一样，细细的、长长的，它们总是两根一束地长在一起，一束束的松针整整齐齐地长在树枝上，就像马的尾巴一样，这大概就是“马尾松”名字的由来吧！

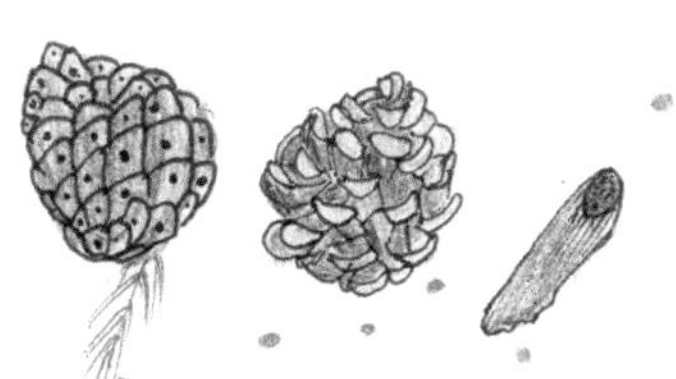

这种针形的叶子外面有一层厚厚的蜡质，能防止叶片水分蒸发，使松树成为不畏严寒、四季常青的“岁寒三友”之一。

**姓　　名：**刘宛卓
**年　　龄：**10岁
**作品名称：**《马尾松的图腾》

时间：2021年2月12日　晴
地点：重庆市垫江县明月山脉

大年初一，我和家人沿明月山徒步。经过1个多小时翻山越岭的长途跋涉，我们来到了川渝交界的峰门铺。这里群山环绕，树木参天，有一种苍莽之气。

突然，我有了一个惊天大发现——身旁的马尾松树干上的皮被剥去了一部分，形成了几道整整齐齐的“V”形图案。在“V”的底部，还有一条笔直的凹槽。我用目光四下搜索，一棵、两棵、三棵……天啊，每棵树都是这样的！在这个人迹罕至的荒凉地方，这难道是远古原始人留下的神秘图腾？

“夏天，工人们用刀将树皮割成‘V’形，松油就会流过割过的地方和下面的凹槽，慢慢地流到下方提前放好的塑料袋里。收集好的松油就会被送往工厂做成松香，成为制作肥皂、纸和油漆的原料。”妈妈看我一脸疑惑的样子，说道。

听了妈妈的话，我发现那些“V”形图案再也不像神秘的图腾了。它们更像一枚枚闪闪发光的纪念章——造福人类、牺牲自己的勋章。

冬天的松林里，厚厚的松针像地毯一样柔软舒适，坚硬美丽的松果在地面随处可见。松果的形状像宝塔一样，外表又像粗糙的鱼鳞，十分可爱。有的松果已经裂开了，像盛开的花朵一样，一瓣瓣的。我捡起一个裂开的松果，发现松果里还有一层薄薄的像花瓣一样的东西，我使劲掰开它，它便像个小小的降落伞一样轻飘飘地落在地上。我蹲下去仔细一看，原来是长了一只美丽“翅膀”的松子。

我想起学过的课文《植物妈妈有办法》来，心想：松树妈妈可真是个聪明绝顶的妈妈，她给松子宝宝装上翱翔的翅膀，风阿姨一来做客，就能带它去远方安家了。它还有美味的松仁，所以小松鼠也能帮助松子宝宝找新家。这时，我发现地上的一个裂开的松果，竟然直接长出了七八根翠绿的松针。原来，如果它掉在地上，还能直接发芽呢！

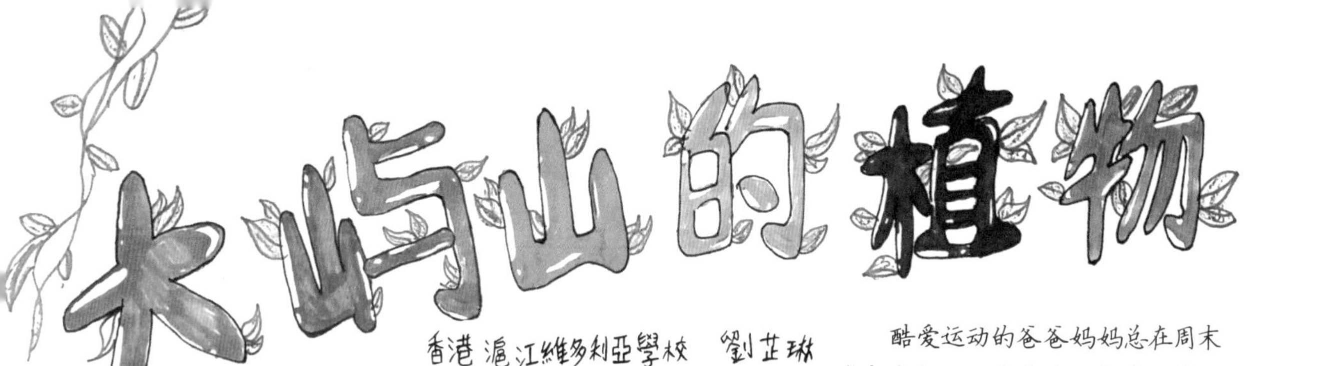

# 大屿山的植物

香港滬江維多利亞學校　劉芷琳

| | |
|---|---|
| 姓　　名： | 刘芷琳 |
| 年　　龄： | 9岁 |
| 作品名称： | 《大屿山的植物》 |

酷爱运动的爸爸妈妈总在周末带我去爬山，在香港，大屿山最有名，这里游人如织，是植物的博物馆，每次去爬山我都能认识许多长在山间的花花草草。

**巴西野牡丹** 在中山看到的巴西野牡丹一般花心处是白色的，而这种花的花心、花瓣同色。

**木芙蓉** 是锦葵科木槿属落叶灌木或小乔木，又名“芙蓉花”“拒霜花”“木莲”，原产于中国。花、叶均可入药，有清热解毒、消肿排脓、凉血止血之效。

**酸豆** 是豆科酸豆属唯一的种，是热带乔木，别名“罗望子”“酸角”等。原产于非洲东部，已被引种到亚洲热带地区、拉丁美洲和加勒比海地区。酸豆是一种中药，在云南很常见。

**南蛇簕** 也叫“喙荚鹰叶刺”，别名“老鸦枕头”“苦石莲”等，豆科鹰叶刺属植物，以根、茎、叶和种子入药，清热解暑、消肿止痛、止痒，用于感冒发热、风湿性关节炎，外用治跌打损伤等。

**沙漠玫瑰** 又名“天宝花”，夹竹桃科。天宝花属多肉植物，也称多浆植物。它是多肉灌木或小乔木。

**紫蝉** 是夹竹桃科多年生常绿蔓性藤本植物，株高约3米，小枝绿色，茎部淡褐色，叶为长椭圆形、青绿色。全株含有白色有毒汁液，会引起皮肤过敏。

**大猪屎豆** 是豆科猪屎豆属直立高大草本。金钟水库里有很多它的“亲戚”——猪屎豆。据说这种植物有较好的抗肿瘤效果，主要对鳞状上皮细胞癌、基底细胞癌疗效较好。

大屿山位于香港西南面，为香港最大岛屿，约为香港岛的2倍。大屿山大部分地区属于离岛区，大屿山东北部青洲仔半岛一带，则属于荃湾区。

# 公园里的好菇毒

姓　　名：许子恩
年　　龄：11岁
作品名称：《公园里的好菇毒》

时间：7月7日11:18
地点：景蜜村公园
天气：小雨转晴
观察者：许子恩

忽然，我看见几个扁扁的、红红的，红里又透着棕的东西。我查了一下资料，原来它就是传说中的赤灵芝。

赤灵芝，即多孔菌科真菌赤芝，作为灵芝入药，药用部位为子实体，有增益心气、增强记忆等功效。赤灵芝还是很不错的中药呢！

濛濛的小雨密密地斜织着。我来到了遍布美景的景蜜村公园。昨天刚下了一场雨，所以我想来寻菇。我打着伞漫步在林间，忽然……

（这里的蘑菇姿态各异，有的细长挺拔、亭亭玉立，有的粗壮均匀、体态健壮。）

赤灵芝

墨汁鬼伞

蘑菇的知识真是有趣啊！

白环蘑

穿过林荫道，我来到了空旷的草坪。我俯下身看见了一些又白又黄、肥肥嫩嫩的微微低着头的小蘑菇，其中一朵上面还有一只小蜗牛，应该是只巴蜗牛。可这些蘑菇都叫什么名字呢？那个小的是不是另外一种呢？我查了资料发现：原来那个小的是白环蘑小时候的样子。有些白环蘑是有毒的，甚至能引起肠胃炎，但有些无毒。

第二天，我上课外班时发现老师们在处理一些很恶心的东西。其中一位老师告诉我：这里长了几个墨汁鬼伞，好恶心！

墨汁鬼伞是继鸡腿菇后第二著名的墨汁伞，开伞时会流墨汁状汁液。当它与酒一起食用时有毒。

不是有个梗叫作“红伞伞，白杆杆，路边的野蘑菇你别馋馋”吗？大家可别招惹那些“打扮”得花枝招展的蘑菇啊！

# 自然笔记·碗莲

姓　　名：王欣怡
年　　龄：11岁
作品名称：《自然笔记·碗莲》

五(1) 王欣怡

2020年7月16—30日
妈妈在网上买了一些碗莲的种子，它的形状是椭圆形，一端凹一端尖，据介绍所述，需要把凹的那一端切开种皮，不过我这个是已经切好的。我把它放在一个装有水的盆里，期待它发芽。右图是我记录的从种下种子到它长出小浮叶的时间及样子。

第一天
◆切掉凹的这端的种皮。

第四、五天
◆浸泡在水中等待种子发芽。

第七天
◆第一片叶子展开。

第十四天
◆叶子变长了，分栽到泥、水混合的盆里。

2020年8月25日
果然，大约过了1个多星期，调皮的花骨朵儿就伸出了"小脑袋"。今天，粉红的荷花终于开放了，好漂亮。我家的阳台瞬间变成了一道美丽的风景线。我查了资料，碗莲也会长莲藕，等明年再分盆时，我要挖出来看看是否有惊喜！

2020年8月8日
自从给碗莲分盆并加了一些黏土后，我有一段日子没关注它了，今天一看，它居然长了4片叶子。新长出来的叶子是嫩绿色的，中间有两条弯的印记，两端是尖的，一片叶子傲然挺立，另外两片圆圆的叶子浮在了水面上，我想过不了多久，它可能就会长花苞了吧！

## 相关介绍

碗莲
别名为盆莲、桌上莲，属被子植物门睡莲科。分布于我国的江苏、河北、湖南等地，以湖南、江苏所产最为著名。它是多年生具多节根状茎的水生植物。

花期6—9月，单生于花梗顶端，花瓣多数，嵌生在花托穴内，有红、粉红、白、紫等色，或有彩纹、镶边。果椭圆形，种子卵形。28℃以上时开花。

碗莲叶子是圆形的，有浮在水面的浮叶，也有伸到水面上方的立叶，地下茎长而肥厚，有长节。喜水怕淹，水深易烂叶，种植前期水要浅。

喜阳光充足的生长环境，不耐阴。喜热，生长适温为20~30℃。气温低于15℃时生长停滞。喜湿怕干，喜相对稳定的静水。喜富含有机质的肥沃黏土。适宜的水体pH值为6.5。

# 自然笔记

| | |
|---|---|
| 学　校： | 太原市第二实验小学 |
| 记录人： | 刘柠瑀 |
| 时　间： | 2021年5-7月 |
| 地　点： | 自家阳台 |

**姓　　名：** 刘柠瑀
**年　　龄：** 10岁
**作品名称：** 《自然笔记　捕蝇草》

## 捕蝇草

**5月2日　星期日　晴**

今天家里多了一个新朋友——捕蝇草。它整株呈圆形，平铺于花盆表面，茎很短，埋在土里，每个叶茎的顶端都有一个酷似“贝壳”的捕虫夹。捕虫夹的直径约2.5厘米，外缘排列着像睫毛一样的刺毛。叶缘部分含有蜜腺，当昆虫闯入吃蜜汁的时候，两端的毛刺合拢，形成一个牢笼。夹子内侧呈红色，布满红色小点，这些是消化腺体，上面有3~5对细毛（感觉毛），用来侦测适合捕捉昆虫的位置，捕蝇草好聪明哦！如果这时刚好有一只小蚊子过来会怎样呢？

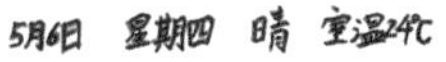

**5月6日　星期四　晴　室温24℃**

晚上，一只小蚂蚁造访，它爬到了一个捕虫夹上，夹片却丝毫没有反应。它爬行时碰到了感觉毛，夹片变成了半闭合状，蚂蚁开心地吃着蜜汁，大约20秒后，它再次触到感觉毛时，叶片以迅雷不及掩耳之势闭合起来，把蚂蚁紧紧地夹在了中间。原来捕蝇草也会“欲擒故纵”的招数。

捕蝇草的感觉毛就像被设定好的程序，经过再三确认才会闭合，主要是为了提升捕虫的准确性，每个叶片大约能捕虫12~18次，消化3~4次，之后失去捕虫能力，逐渐枯萎。

捕蝇草的夹子闭合10天左右，内部昆虫被消化完毕，捕虫夹会再次张开它的“血盆大口”，设下新的陷阱，等待下一个贪吃蜜汁的猎物自投罗网。这就是大自然给予它们的天然智慧吧！

救救我

**5月14日　星期五　阴　室温25℃**

早上，我发现捕蝇草的中心部位长出一片豆芽状的新叶。叶子是由中心向外生长的，等它慢慢长到约5厘米长，看起来就像翅膀一样，十分扁平，平铺于花盆的土表，似叶片一般。其实它属于叶柄的根部，我们称它为“假叶”，叶柄末端红色的捕虫夹才是真正的叶子。

植物真的可以吃动物吗？

我就是吃肉的植物哦！

**6月23日　星期三　晴　室温28℃**

5日中午，我看到捕蝇草的中心长出了一根直直向上的茎，并不像叶子，10天后已经长到了12厘米左右。它的头顶多了6个花苞，1个稳坐“C位”，其余5个分布于四周。今天上午，在“C位”的花率先开放了。花有5片长约1厘米的白色心形花瓣和5片淡绿色花萼，中央还有一根雌蕊，四周约有10根雄蕊。它可以自花授粉，花开时雄蕊已经成熟，雌蕊也在第二天成熟了。未成熟的雄蕊末端柱头为圆形，成熟后会裂开，呈棉絮状。

**7月7日　星期三　雨　26℃**

阳台上的捕蝇草已经两天没晒太阳了，却奇迹般地结出了种子。授粉成功后的花，第二天就谢了，然后子房慢慢膨大，在两周后的今天成熟了，里面含有数十粒水滴状乌黑发亮的种子。

**7月8日　星期四　多云　室温29℃**

开花、结籽消耗了捕蝇草的大量营养，捕蝇草奄奄一息。我赶紧把花茎剪掉，准备了纯净水。它喜欢湿润，但对水质、水量有要求，需要纯净水、雨水等软水浇灌它。

我是新芽正在努力长大

我是被捕蝇草吓死的

我因为贪吃撑死啦

**7月17日　星期六　晴　室温30℃**

经过几天精心呵护，捕蝇草终于起死回生了。它最适宜的温度为15~35℃，温度过高会导致它叶片发黑、枯萎；温度太低会导致它停止生长，失去捕虫能力。它虽然喜阳，但日照最好不要超过4个小时，日照过久的话它会反抗哦。而且不能给它喂食太多的昆虫，否则它会被“撑死”！

## 花

花有数量很多的白色花瓣和亮黄色的雄蕊，直径可达 15 厘米。

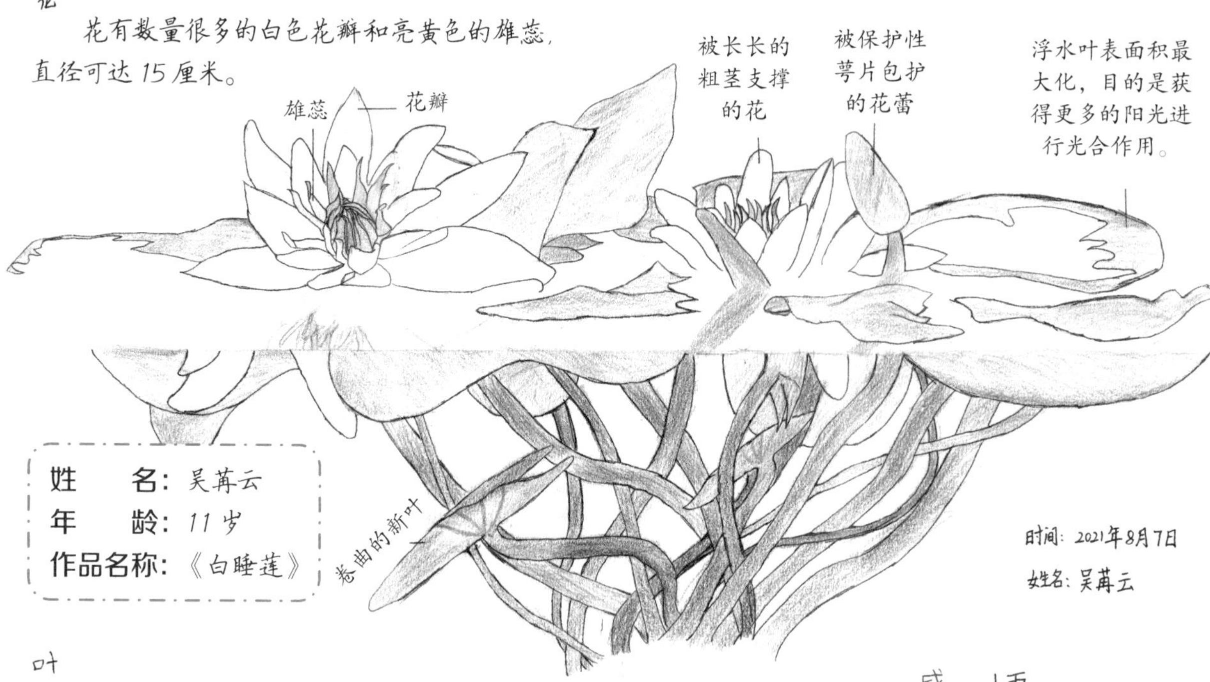


**姓　　名：** 吴苒云
**年　　龄：** 11 岁
**作品名称：**《白睡莲》

## 叶

白睡莲有很大的叶子，直径可达 30 厘米。与众不同的是，叶子的气孔开在叶子的上表面，还带有一层防水膜。

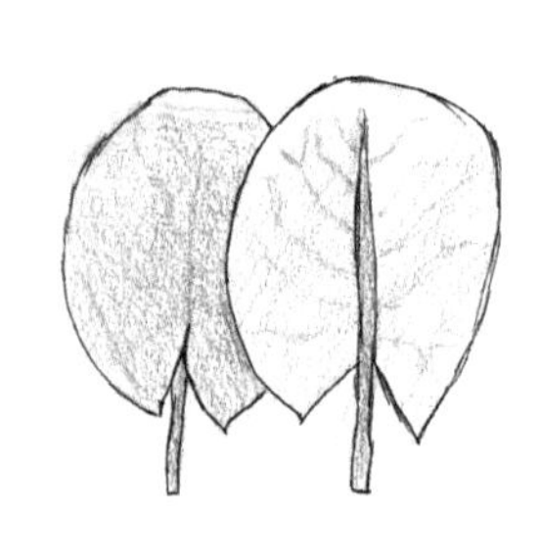

**茎秆截面**

茎秆内有纵向气道（通气组织），这种组织结构能产生浮力并让氧气在内部循环。

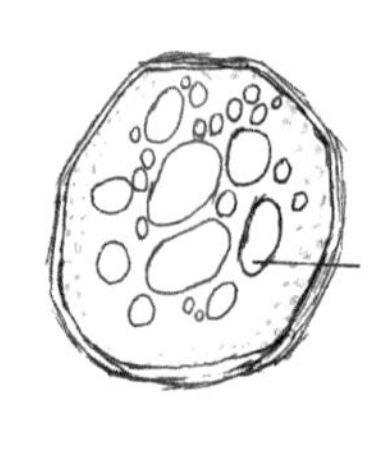


## 感悟

“一叶一浮萍，一梦一睡莲。”白睡莲的寓意是纯净、圣洁，我们在成长的道路上，要坚定自己前行的方向，保持纯真的品质。

## 白睡莲

这种漂亮的植物是约 50 种野生睡莲中的一种，生长在静水或缓流水域，用它那圆圆的、光滑的叶子遮出一片荫凉。它扎根于约 1.5 米深的水中，仲夏到夏末之间交替开出纯白色的花。每朵花可持续开放 3~4 天，早上开放，傍晚闭合。它们吸引来的授粉甲虫常躲在花里过夜，黎明时才被花放出去。白睡莲对于水生生物大有作用：池塘里的蜗牛可以把卵产在叶子的背面，鱼能藏在叶子下面躲避水鸟的攻击。当花授粉后，会产生漂浮的种子。种子在水中漂浮数周，然后沉到泥中。

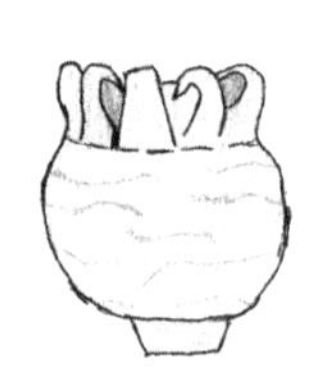

**子房截面**

雌蕊包括子房、花柱和柱头。子房内含有胚珠，受精后生长，成为种子。

折叠的花瓣
雄蕊（生产和释放花粉的雄性器官）
萼片
内层的花瓣
子房（含有胚珠，受精后能长成种子。）

**花蕾内部**

左上剖面图展示的是白睡莲的生殖器官。每个长而尖的花蕾都有 4~5 片灰绿色的萼片，它们包裹着整个花。

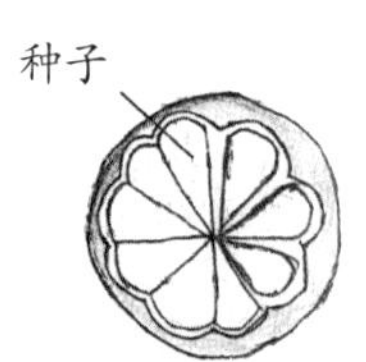

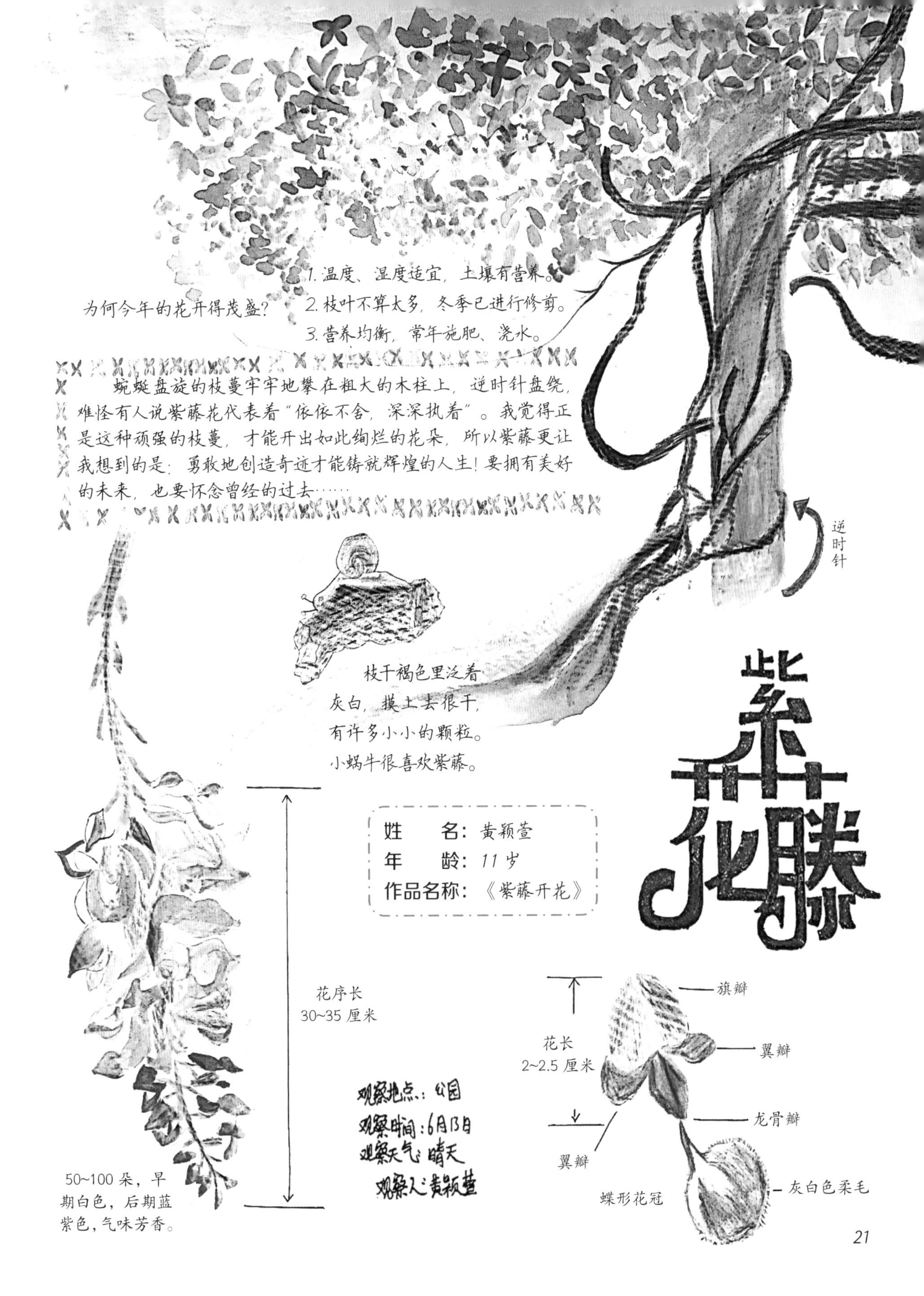
紫藤花
为何今年的花开得茂盛？
1. 温度、湿度适宜，土壤有营养。
2. 枝叶不算太多，冬季已进行修剪。
3. 营养均衡，常年施肥、浇水。
蜿蜒盘旋的枝蔓牢牢地攀在粗大的木柱上，逆时针盘绕，难怪有人说紫藤花代表着“依依不舍，深深执着”。我觉得正是这种顽强的枝蔓，才能开出如此绚烂的花朵，所以紫藤更让我想到的是：勇敢地创造奇迹才能铸就辉煌的人生！要拥有美好的未来，也要怀念曾经的过去……
逆时针
枝干褐色里泛着灰白，摸上去很干，有许多小小的颗粒。小蜗牛很喜欢紫藤。
姓　　名：黄颖萱
年　　龄：11岁
作品名称：《紫藤开花》
花序长
30~35 厘米
50~100 朵，早期白色，后期蓝紫色，气味芳香。
观察地点：公园
观察时间：6月13日
观察天气：晴天
观察人：黄颖萱
旗瓣
翼瓣
花长
2~2.5 厘米
龙骨瓣
翼瓣
蝶形花冠
灰白色柔毛

# 花中皇后——月季

姓　　名：陈楚杰
年　　龄：12岁
作品名称：《花中皇后——月季》

2020年9月，我们全家去花鸟市场买花。那片月季花海红的似火、白的似雪、粉的娇羞、紫的高贵……其中有一盆月季，香气幽幽，黄色的花朵明艳优雅。卖花的叔叔说，它叫“香水阳台”，我开开心心地把它抱回了家。目前，它在我们家已经开第三轮花了。

叶的特点：小枝绿色，散生皮刺，小叶一般3~5片，椭圆形或圆形，长2~6厘米，叶缘有锯齿，两面无毛。

| 界 | 植物界 |
|---|---|
| 门 | 被子植物门 |
| 纲 | 木兰纲 |
| 科 | 蔷薇科 |
| 属 | 蔷薇属 |

花的特点：数朵簇生或单生，直径约5厘米，花梗长3~5厘米，绿色。花瓣重瓣至半重瓣，倒卵形，雄蕊多数。

## 观察笔记

| 开花轮次 | 温度（℃） | 花 | | 叶 |
|---|---|---|---|---|
| 第二轮开花 | 20 ± 5（初冬） | 11月21日<br>12月5日<br>12月19日<br>1月20日 | 13个花苞<br>部分花朵盛开<br>13朵花全盛，直径约6厘米<br>花谢 | 11—12月<br>叶茂盛，亮绿色，水分充足。 |
| 第三轮开花 | 30 ± 5（初夏） | 5月9日<br>5月13日<br>5月16日 | 2个花苞<br>2朵花全盛，直径约2厘米<br>花谢 | 5月9—16日<br>叶有黄有绿，各半数。 |

## 感悟：

看花开花落，领略月季旺盛的生命力，同时，被大自然这个“大宝库”深深吸引。

## 月季小科普：

- 月季花，“花中皇后”，又称“月月红”，一般为红色、粉色、黄色等；
- 常绿、半常绿低矮灌木；
- 月季花可观赏，也可提取香精，并可入药，有较好的抗真菌及协同抗耐药真菌活性。

## 结论：

温度高于30℃时，花枝变短、变细，花朵变小，花色不正常，花苞和花瓣数大大减少，可能是由于温度高于30℃时，植物的光合作用和植物的含水率受到影响。

闽南中学 六(1)班
陈楚杰

# 桂花

姓　　名：吴子钰
年　　龄：10岁
作品名称：《桂花》

有锯齿

我家的阳台上有一棵桂花树，叶子与众不同，边缘有锯齿，它的名字叫“四季桂”。

花冠斜展。

桂花树是一种常绿乔木，高约3米，树冠很广阔、平展，根系比较发达、深长。叶片对生，叶面比较光滑，颜色是亮绿色的。花朵多为黄色，有浅黄、橘黄等颜色，带有芬芳的香味，闻起来很怡人。

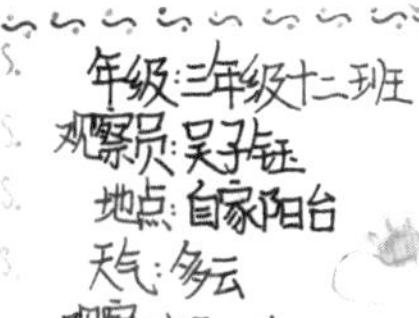

年级：三年级十二班
观察员：吴子钰
地点：自家阳台
天气：多云
观察时间：2021年6月7日


3.5厘米

10厘米

叶脉是叶子最细微的部分，它呈现出一种独特的网状结构，神奇又美丽！

常见的桂花品种有丹桂、金桂、银桂、四季桂等。

## 感悟

此时，枝叶的分岔处已长出花苞，少的有四五个，多的有七八个，簇拥在一起。

桂花朴素却不平凡，无华却不失典雅。我独爱桂花，爱它不与百花争艳，不与名树斗奇，却把芬香洒向人间的“品性”。

| | |
|---|---|
| 姓　　名： | 赵叶知 |
| 年　　龄： | 13岁 |
| 作品名称： | 《自然笔记——朱槿》 |

# 自然笔记——朱槿

花

花呈漏斗形，直径约6~10厘米。

每朵花都只有5瓣花瓣（此处仅就单瓣花而言，朱槿分单瓣花和重瓣花两种）。

科普

朱槿是一种小型的长绿灌木，通常高1~3米。花果下垂状生长。花色以及花种都有许多。

朱槿自古以来就是受人欢迎的观赏性植物。许多诗人还为它题词、题诗。比如唐代诗人李绅的《朱槿花》："瘴烟长暖无霜雪，槿艳繁花满树红。"以及李商隐的"殷鲜一相杂，啼笑两难分。"

朱槿原产地在中国，它像向日葵一样喜欢在有阳光的地方生长且喜爱温暖湿润的环境。

花瓣

朱槿花瓣极薄，都还不到1毫米。

花托&花萼

花托有3瓣，花萼有5片。将花蕊从中拔出，可以看到里面被花托包裹的子房。

花蕊

雄蕊

雌蕊

双性花。将花瓣剥下，可以尝到花蕊内甜甜的仅一滴的花汁。

种子

0.5~0.9厘米

朱槿的种子不太规则，像是被打磨过的三角形，表面有许多细小的绒毛。

叶子

叶子边缘是锯齿状的，背面有少许绒毛，长6~11厘米。

互动

小时候，我很喜欢吃花蕊中甜甜的花汁。摘一朵，吸一朵，不一会儿，一小丛朱槿花就被我吃得只剩清一色的绿叶了。

苗

刚出土的小苗一般只有2~3片叶子。

赵叶知
2021.8.14

# 自然笔记

时间：2021年7月2日
天气：晴
地点：鹅头湾
观察员：林熠可

学校：福建省平潭实验小学
作者：五年一班 林熠可
指导教师：林小玲

——遇见海边月见草·木麻黄

**姓　　名：**林熠可
**年　　龄：**11岁
**作品名称：**《自然笔记——遇见海边月见草 · 木麻黄》

今天，在鹅头湾，我发现在白茫茫的沙滩上盛开着一朵朵黄色的花，它们攒三聚五地或平铺或直立，在阳光下绚丽又娇嫩。它们有一个美丽的名字——海边月见草。

继续前行，在沙地上我遇见了木麻黄，一片片、一行行，如同英勇的战士，守卫着阵地，护卫着家园。

## 海边月见草

花

→雌蕊
→花药

海边月见草开花时，花药伸出花被，与花丝连接不紧密，随风摇动。雌蕊比较长，顶端四裂。在海风作用下，极易自花授粉。

叶子

叶子灰绿色，狭倒披针形至椭圆形，先端锐尖，其部渐狭或突然在柄处变得狭小。

花蕾

花蕾锥状披针形或狭卵形，开放前向上伸曲，密被曲柔毛与长绿毛，常混生腺毛，萼片绿色，花期4—5月。

种子

种子椭圆状，褐色，表面具整齐洼点，果期7—10月。

海边月见草：多年生草本，又名“海芙蓉”，有助于固林绿化，海岸固沙。

## 木麻黄

枝叶

小枝细软，有很多节，节上轮生着细小的鳞片状退化叶，呈棒状圆柱形，拔开节，会发现里面好像是首尾相嵌地拼接在一起的。灰绿色枝条代替叶子进行光合作用。

果实

7—10月结果，果实的形状像小红枣，球果状，果序椭圆形，幼嫩时披着绿色或黄褐色茸毛，成长时毛常脱落。

当果实呈青黄色，鳞片坚硬刺手，顶端有裂口时，就可以采集。

雌雄同株或异株，雌花序呈球形或头状，长在短的侧枝上，花期5月。你看，它的花像不像红毛丹呢？

木麻黄：木麻黄科，乔木，树冠狭长圆锥形，枝红褐色，有密集的节，枝叶可入药，是滨海防风固林的优良树种。

遇见海边月见草，遇见木麻黄，遇见了顽强生命力，它们把根深深地扎在大平潭的海岸线沙滩上，用自己的生命防风、固沙、固林，点缀着、守护着平潭的美。

姓　　名：马俪萌
年　　龄：10岁
作品名称：《含羞草的秘密》

含羞草的秘密
习性：生长迅速
生命力顽强


哈尔滨市继红小学哈西(二校区)三年五班 马俪萌

1月10日，我在花盆中种植了几株含羞草并记录了其成长的全过程，感受细心观察的乐趣！

时间：2021年1—5月

地点：家中客厅

温度：20～27℃

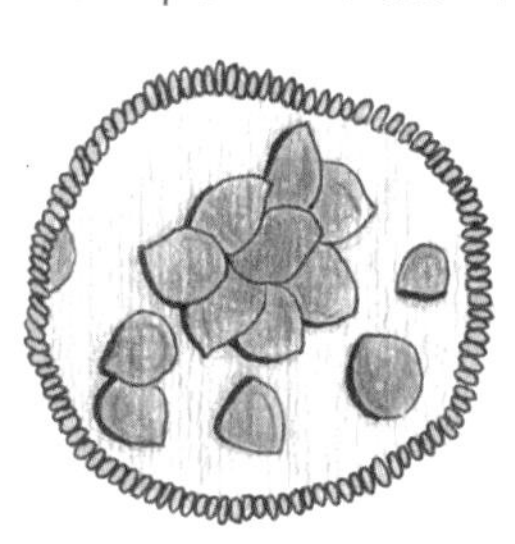

① 1月10日，我开始选种，在花盆中放入松软的土壤，把10粒左右饱满的种子种到盆中，盖土并浇水。

② 1月20日，有几棵高矮不同的小苗长出，最矮的有3毫米，最高的有6.4毫米。叶子呈圆形合拢状，颜色为嫩绿色。

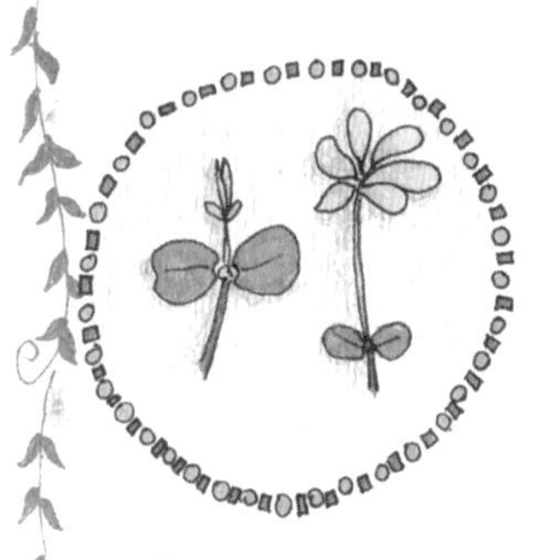

③ 1月30日，合拢的叶子已经分开，有的两片圆圆的叶子中间长出了小片嫩叶，还有的两片圆叶子中间则长出了由6条小叶子组成的扇面状的叶子。

④ 2月20日，含羞草细小的叶子呈羽状排列，每株都分出了4条“细轴”，“细轴”两侧长满了羽毛状的小叶子，小小的、绿绿的，就像春天刚长出的嫩嫩的草芽。

⑤ 4月10日，含羞草的羽状复叶更加茂密了，开出了粉红色的、圆圆的小球状花朵，花边有一些金色的粉末，叶柄是朱红色的，还带有小刺，像玫瑰花的柄。如果碰到它的叶子和枝杈，它的叶子会合拢，枝杈也立刻耷拉下来，几分钟后就会恢复如初。这是含羞草在大自然环境中顽强生存的自卫方式。

灵性　强健

平安

揭密

含羞草的叶柄基部有一个膨大的器官叫“叶枕”，叶枕内有很多薄壁细胞，这种细胞对外界刺激很敏感。一旦叶子被触动，刺激就立即传到叶枕，薄壁细胞内的细胞液开始向细胞间隙流动而减弱了细胞的膨胀能力，导致叶枕下部细胞间的压力降低，从而出现叶片闭合，叶柄下垂的现象。

# 自然笔记之

观察时间：
2021年5月14日 下午3:00
晴 家中阳台

# 含羞草"害羞"的秘密

**姓　　名：** 管可萱
**年　　龄：** 12岁
**作品名称：**《自然笔记之含羞草"害羞"的秘密》

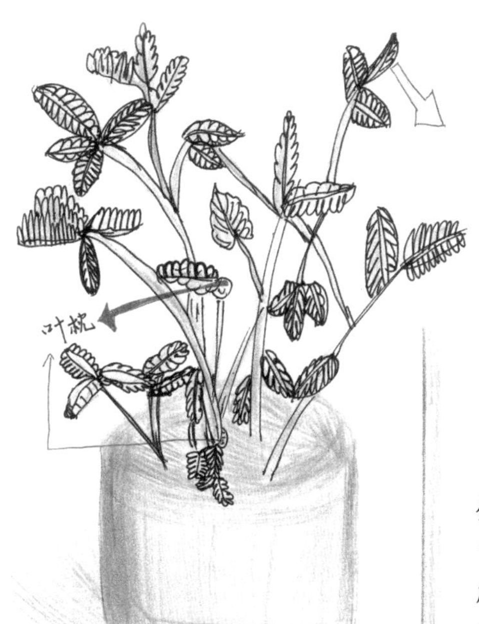


含羞草的叶子为羽毛状复叶互生，呈掌状排列。

我的疑问：

为什么一碰含羞草，其叶子会立即闭合呢？

观察并进行了网络知识了解后，发现：

含羞草叶柄基部有一个器官叫"叶枕"。叶枕里有许多薄壁细胞，这些细胞非常敏感，受不了外界的刺激，叶子被触动了，薄壁细胞里的细胞液就会向细胞间隙流动，这样减少了细胞的膨胀能力。叶柄细胞压力变小，便会下垂。其恢复时间一般为5~10分钟。

我的感受：

我查阅后得知，含羞草经过很多次同样形式的刺激后，便会厌倦，不会闭合。含羞草和一部分人一样，经历了社会、生活的强压，一开始会绝望、懊恼，"低下头"来。而如果多次经历了生活的起起伏伏，便会看淡这些，勇往直前，"挺直腰板"。含羞草就是这么神奇，我从它身上仿佛看到了人的品格！

含羞草比我想象中小。在亲眼见到它前，我只从电视上看到过它，由于给了特写，它显得特别大，比普通小草高出一大截。所以，"眼见为实"是有道理的。

**含羞草**

豆科多年生草本或亚灌木。

我在观察时，发现这盆含羞草高（最高点至土壤）0.8米左右。

其叶片长约6毫米（少许叶片长约8毫米），有刚毛。羽片两对，指状排列于叶柄之顶端，长7厘米。小叶13对，线状长圆形，长10毫米，宽2.5毫米，先端急尖，边缘具刚毛。

未开花结果。

含羞草的价值：

1. 医药（清热解毒）；
2. 观赏；
3. 预测（天气、地震）。

小贴士：

人食用含羞草或过多触碰会引起毛发脱落，要小心哦！

# 胖乎乎的仙人球

日期：7月5日
地点：家里
天气：晴
记录人：郭雅文
年级：三〈5〉班

**姓　　名：** 郭雅文
**年　　龄：** 9岁
**作品名称：** 《胖乎乎的仙人球》

仙人球的刺：如果用手轻轻地触摸它，会发现大仙人球的刺比小仙人球的刺更坚硬，而小仙人球的刺比大仙人球的刺多得多。我还发现这些刺是一束束的，每一束的根部还有一些小白毛呢。

当我第一次看到仙人球时，心中就有一个疑问：仙人球是植物，但为什么没有叶子呢？通常植物都是有叶子的呀！我上网查询后了解到：原来仙人球的刺就是它的叶子。仙人球原本生长在干旱的沙漠里，为了适应生长环境，自身的叶子慢慢退化成刺。我也想像仙人球那样：面对无法改变的环境和困难时，积极行动，改变自己，强大自身。

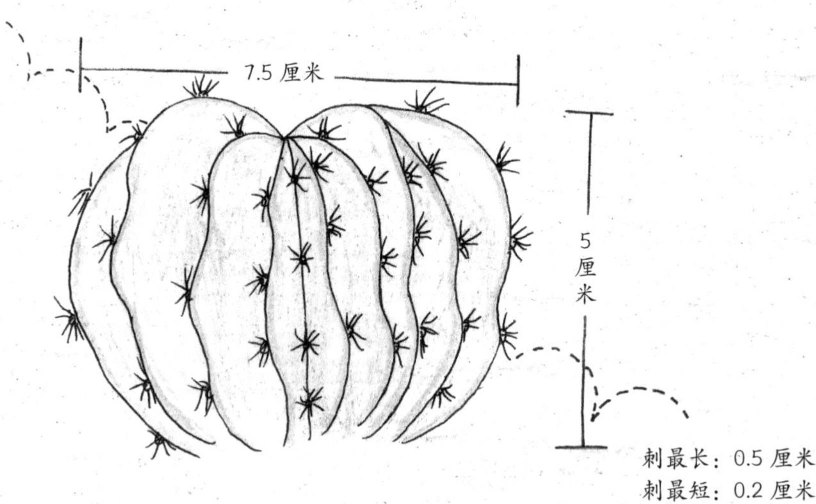


切开后的仙人球：如果把仙人球切开，它的里面是翠绿色的，靠近边缘处有比较深的绿色，我把仙人球切开的原因是有一位同学说把仙人球切开后里面是红色的。可我切开的仙人球里面是绿色的，为什么我们的结论不一样呢？后来我才知道原来是我自己弄错了，那位同学说的是它的果实。

仙人球的颜色：它外表的颜色比较深，小仙人球的颜色没有大仙人球的颜色深。下雨时，仙人球中心部分还会有一点土黄色。

# 向日葵

## 种植记

6月21日　星期天　阴

今天我去花鸟市场买了几粒向日葵籽，我把它们均匀地种在一个大花盆里，并给它们浇水，把这一大盆向日葵安置在窗台上后，我又去查资料，“它为什么叫向日葵？”我找到了答案，“由于它的花体结构有趋热的特征，所以它总向着太阳，故叫作‘向日葵’。”

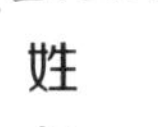

姓　　名：刘玥煊
年　　龄：12岁
作品名称：《向日葵》

6月26日　星期五　晴

沐浴5天的阳光，葵花籽长出了尖尖的小嫩苗。

7月1日　星期三　雨

两株嫩绿的小苗上各长出了两片绿油油的叶子，雨水滋润着这幼小的生命。我怕它被水淹，就把花盆收进了屋。

7月4日　星期六　晴

今天太阳拨开云彩，探出了脑袋，我赶忙把花盆搬到阳台上。阳光下，茎上的细毛清晰可见。叶子从刚开始的2片增长到了9片，叶片由浅绿渐渐变成深绿。

7月21日　星期二　晴

今天又是艳阳高照的一天。我蹲在阳台上，仔细盯着向日葵看，奇怪，为什么和我早上看到的花的方向不一样？我朝着向日葵花苞的位置向前看，啊，是太阳！经过我的观察，我发现了一个规律：向日葵的花苞一直在寻找太阳。早晨，它面朝东方，仰望太阳升起；傍晚，它面朝西方，注视着太阳落下。它执着地追寻着太阳。

7月31日　星期五　晴

今天万里无云，向日葵的花盘露了出来，它需要更多的营养维持它的生长。底端的叶子已出现枯黄、被啃食的现象，看来我要喷一些驱虫药水来使它健康成长，不被潮虫、青虫啃成“光杆司令”。

8月19日　星期三　晴转雨

经过漫长的等待，向日葵终于开花了，金灿灿的花盘中点缀着几个棕色点点，花盘再也不随着太阳转了。出太阳时，它抬着头，神气十足，蜜蜂在花盘上翩翩起舞；下雨时，它低着头，一副无精打采的样子。雨过天晴，它重新扬起了笑脸。

地点：我家阳台
观察者：刘玥煊

| | |
|---|---|
| 姓　　名： | 蔡靖瑶 |
| 年　　龄： | 10岁 |
| 作品名称： | 《阳澄湖向日葵花海》 |

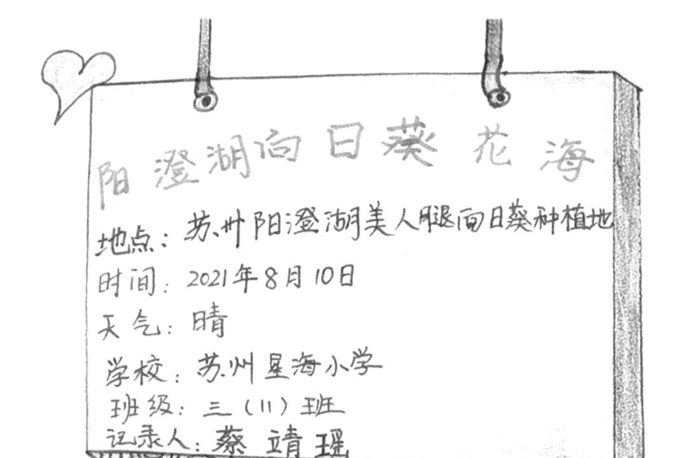

阳澄湖向日葵花海
地点：苏州阳澄湖美人腿向日葵种植地
时间：2021年8月10日
天气：晴
学校：苏州星海小学
班级：三（11）班
记录人：蔡靖瑶


子房

花

叶

茎

葵花籽

花：向日葵属于在茎上生长的头状花序。花盘上有两种类型的花：舌状花和管状花。舌状花有1~3层，是在花盘外周的无性花。

## 向日葵

别称：朝阳花、转日莲、向阳花、望日莲。

果实：葵花籽

花语：忠贞坚定、默默守护的爱。

寓意：对生活的热爱。

简介：向日葵是一年生草本，高1~3米。茎直立、粗壮，圆形多棱角，性喜温暖，耐旱。因花随太阳转动而得名。

感悟：太阳之子——向日葵，一朵平凡得不能再平凡的花，却让人感到一种伟大的力量。这种力量不华贵却很踏实，不高雅却很强大，这种力量叫——希望！

可作为零食，营养丰富，也可作为榨油原料，味道香美。

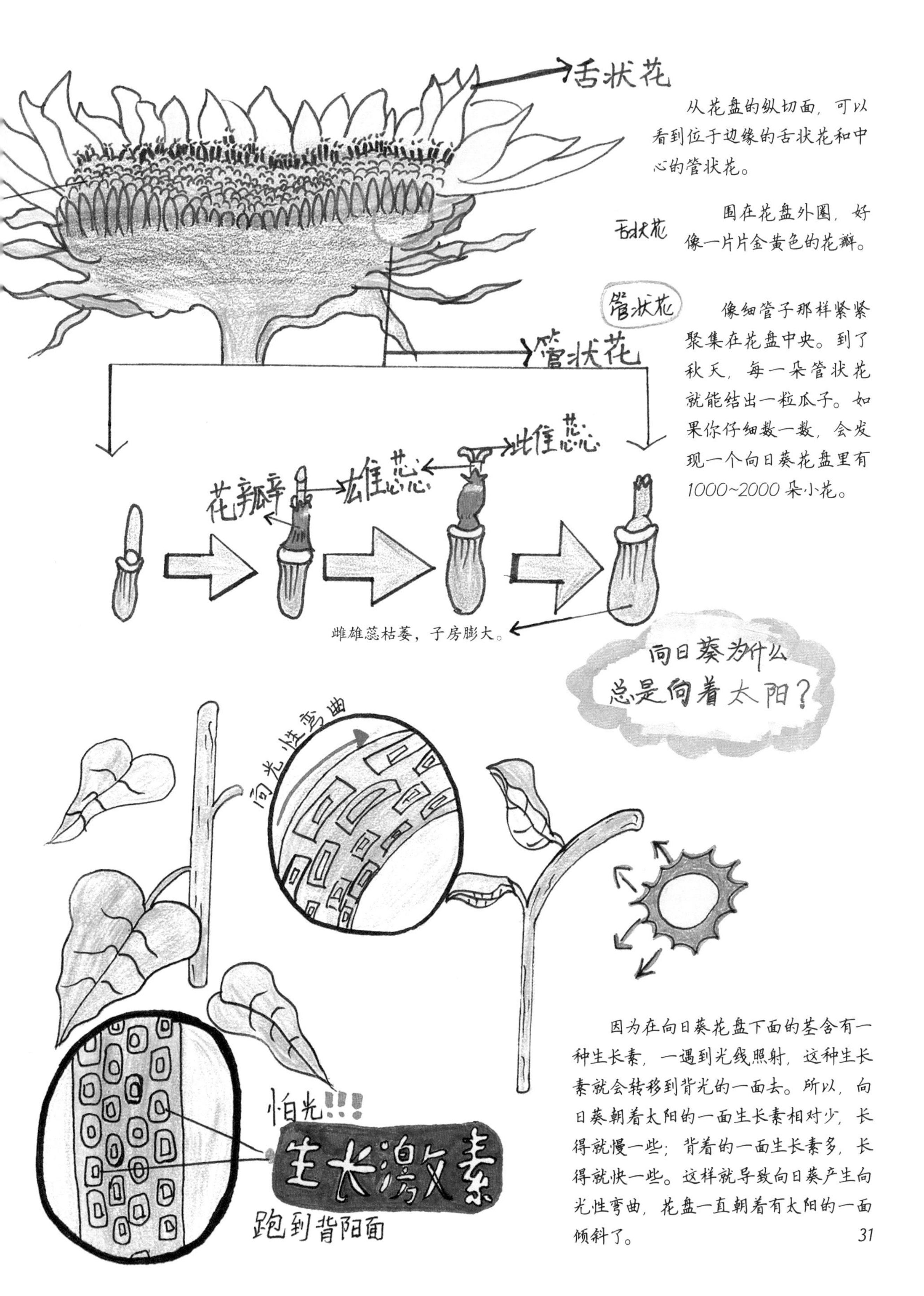


从花盘的纵切面，可以看到位于边缘的舌状花和中心的管状花。

舌状花　围在花盘外圈，好像一片片金黄色的花瓣。

管状花　像细管子那样紧紧聚集在花盘中央。到了秋天，每一朵管状花就能结出一粒瓜子。如果你仔细数一数，会发现一个向日葵花盘里有1000~2000朵小花。

## 向日葵为什么总是向着太阳？

因为在向日葵花盘下面的茎含有一种生长素，一遇到光线照射，这种生长素就会转移到背光的一面去。所以，向日葵朝着太阳的一面生长素相对少，长得就慢一些；背着的一面生长素多，长得就快一些。这样就导致向日葵产生向光性弯曲，花盘一直朝着有太阳的一面倾斜了。

我与向阳花共生长
姓　　名：陈旖妍
年　　龄：10岁
作品名称：《我与向阳花共生长》
春天来了
“野火烧不尽，春风吹又生”。春天是个充满生机的季节，只需春风轻轻吹拂，雨水细细播撒，绿色便慢慢现于世间每个角落。这些给春天加分的动人景色，使得人们困顿了一个冬季的心情霎时变得豁然。春天适合播种，让我们一起种下植物，探索植物生长的奥秘，感受植物旺盛的生命力。

## 种植向阳花过程

3月20日　星期六　阴　阳台

我通过查询资料得知，向日葵又叫"向阳花"。它的最佳种植时间是3—4月，原因是此时的温度、湿度有利于向日葵的发芽、生长。周六这天，我迫不及待地找来铲子，把可爱的瓜子种在花盆里，洒上些水，放在阳光能照射到的地方。

4月2日　星期五　多云转阴　阳台

这些天，我一直惦念着我的向日葵，它到底发芽了没有？"哇！发芽了，发芽了！"，我开心地大叫！你看，它们冲破坚固的瓜子壳，长出了墨绿色的小苗。小苗好高啊，茎上的两片小叶子，犹如两颗硕大的绿豌豆，一阵风拂过，它们又有点儿像羞答答的小姑娘。真是没想到这幼小的种子竟然有这么旺盛的生命力，穿过了层层土壤破土而出。

4月19日　星期一　晴　阳台

时间过得真快，两周多过去了，花盆里真是一片生机勃勃的景象。小苗们各长出了4片半个巴掌大的翠绿色叶子，一边两片，非常对称。展开的叶子朝着窗户的方向感受着阳光带来的力量，迫切地想要长高，长大。

5月28日　星期五　晴　阳台

过去1个多月了，向日葵已经长得很高了。可它好像还不满足一样，一直往上长着。原本脆弱的身躯变得坚硬有弹性，上面布满了纤细的、毛茸茸的小刺儿，用手轻轻地一摸，痒痒的，还有点儿扎手。主干的顶端长出了一个小花苞，可爱极了。看它一天天长大，我心里满怀着希望，从种下种子到长出花苞，时间一点点流逝，但也换来了花开的希望。

## 开花

6月7日　星期一　晴　阳台

我的向日葵开花了，我欣喜若狂。宽大肥厚的叶子边缘有着很粗的锯齿。绿莹莹的叶片就像小蒲扇一样很有规则、很整齐地排在笔直的茎上。在茎顶端，有一个圆圆的花盘，周围布满了18片金黄色的小花瓣，中间是棕黄色的，远远望去像极了小太阳。

时间：2021年3－6月
地点：自家阳台
观察人：陈漪妍
学校：福建宁德蕉城区第六中心小学

刚出花苞时

花苞刚出来时是小小的一个，比米粒还小，呈暗暗的玫红色，摸起来硬硬的，闻起来没什么味道。

花苞变大

花苞变大了一些，比豌豆大点儿，底部是暗暗的玫红色，越到顶部颜色越亮，比较显眼。摸起来比之前软，闻起来就是普通的花香。

花蕊

雄蕊

雄蕊是丝状的，很细，黄色的花粉像黄豆粉一样。

雌蕊

雌蕊头顶圆圆的，呈暗暗的玫红色，只有一根。

花凋落时

此时的花开始凋落，整朵花蔫巴巴的，颜色比刚长出来的花苞还暗，花瓣边缘已经黑了，摸起来很软，和棉花一样，整朵花已经合拢起来了。

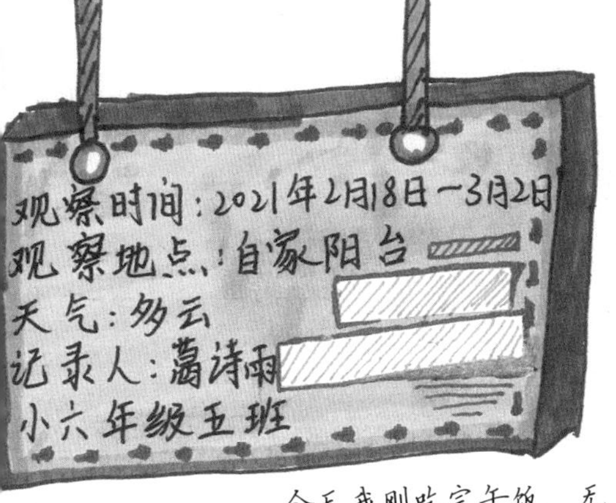

观察时间：2021年2月18日—3月2日
观察地点：自家阳台
天气：多云
记录人：葛诗雨
小六年级五班


今天我刚吃完午饭，无聊地在家中走动，走到阳台，耀眼的玫红色花苞吸引了我的目光。这盆花和其他的花不同，我竟然看不到它的枝干！它的枝叶是一节节的，摸起来肉肉的。花苞在枝叶的顶端。这花的与众不同，引起了我强烈的好奇心。

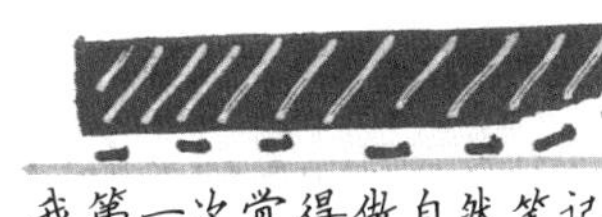

## 感受

我第一次觉得做自然笔记那么有趣，也不是很难。

蟹爪兰没开花时无人问津，一开花惊艳众人。它积蓄了整个冬天的能量，在春天生机勃勃地绽放，展示出自己最美的姿态。

即使在花凋落之时，它也没有妥协，而是再生出嫩芽，肆意地生长，正如它的花语：给人们带来好运和希望。

我想做蟹爪兰，通过努力，绽放自己的光芒。一盆小小的蟹爪兰，也闪耀着生命的光彩。

姓　　名：葛诗雨
年　　龄：12岁
作品名称：《蟹爪兰》

### 花开了

花已经开了一些，颜色变得更鲜艳啦！不过闻起来还是之前的味道。

### 花完全盛开

花已经完全开啦！颜色变得很鲜艳，从底端开始是白色，往顶端慢慢地变成玫红色。整个花呈桶状，顶端花瓣张开，像个喇叭。闻起来还是之前的味道。

### 枝叶

枝叶像螃蟹一样，难怪它叫“蟹爪兰”，顶端中间有个孔，像螃蟹的嘴，里面有点儿短刺毛，像它的牙齿。中间是鼓起来的，我猜那是它的枝干。

### 新出小嫩芽

我看花已经开败了，正准备把枝叶掰下来一节，看看鼓起来的是什么，结果看到了冒出来的小尖尖，这是它的枝干吗？我问了问外公，他说这是刚生出来的小嫩芽，花开败后都会有。这小嫩芽嫩绿嫩绿的，像珍珠一样晶莹。

观察时间：4月2日—6月14日
观察地点：自家阳台
观察天气：晴

参赛学校：福建平潭实验小学，观察人：姚芊羽
参赛作者：姚芊羽
指导老师：林美琼

指甲花，别名“凤仙花”“凤仙透骨草”，木兰纲杜鹃花目凤仙花科。全株分根、茎、叶、花、果实、种子，因其花头、翅、尾、足俱翘然如凤状，故名为“金凤花”。人们叫它“指甲花”的主要原因是它可以染指甲，是天然指甲油。

4月2日　天气晴

一场春雨过后，我发现有一粒种子长出了小苗，芽上有两片嫩嫩的、圆圆的子叶，边缘十分光洁。

4月10日　天气晴

原先长出的幼苗有7厘米多高了，那两片圆圆的嫩叶变宽、变大了很多，中间长出了约1厘米高的茎叶。

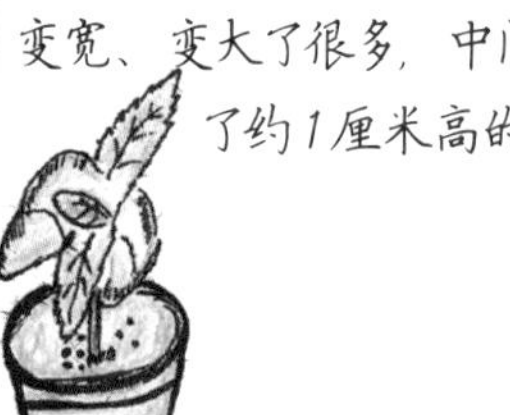

天气阴

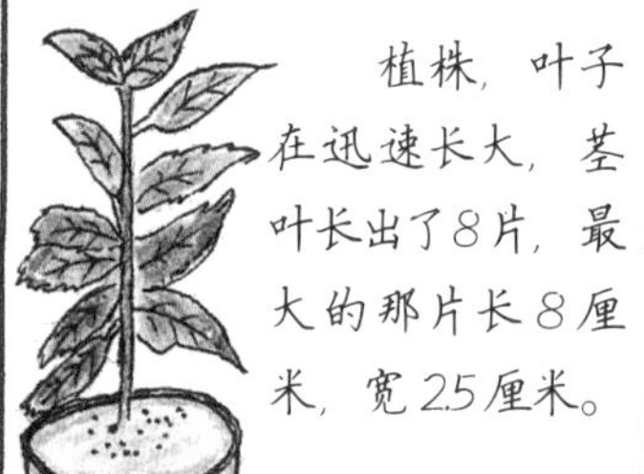

植株，叶子在迅速长大，茎叶长出了8片，最大的那片长8厘米，宽2.5厘米。

天气阴

指甲花生长得很壮，枝繁叶茂，叶子很多，植株高约20厘米，直径5毫米，长出约十几个花苞。

茎
分枝
主枝

5月14日　天气晴

花蕾个个饱胀欲裂，连接花柄的一端粗胖一些，长着一根弯须，另一端又细又尖。

5月17日　天气晴

指甲花开花了！花瓣紧挨着，娇嫩无比，很漂亮。远远望去，花朵像只欲飞的蝴蝶。

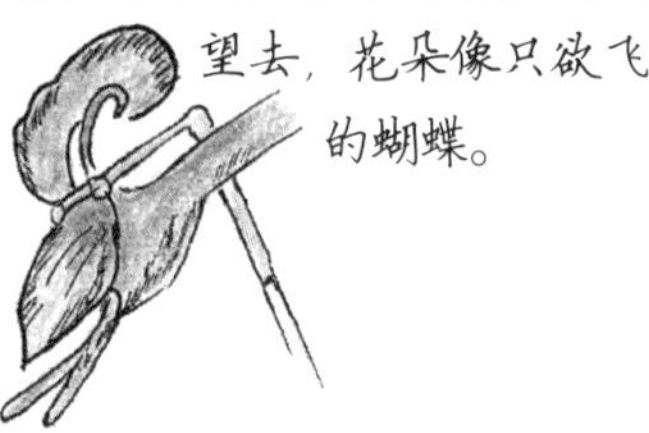

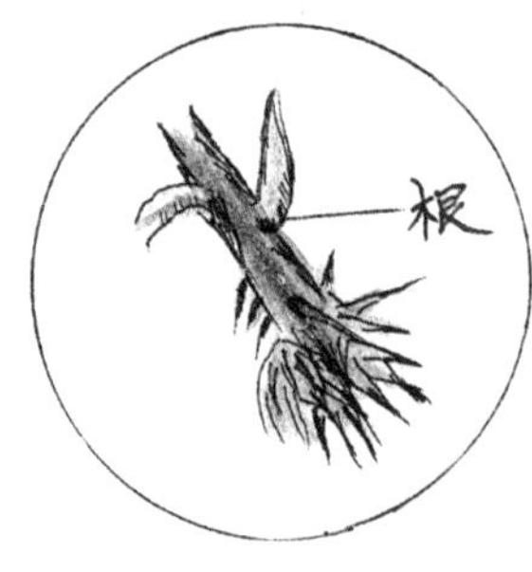

天气阴

花盆周围有许多凋零的花瓣，蒴果的表面有许多白色茸毛，用手一压，弹裂为5个旋卷的果瓣，内有许多种子，直径1.5~3厘米，有点儿像鸭蛋的颜色，形状像一颗小球。

根有很多作用，如散血通经、软坚透骨，治跌打损伤、淤血肿痛和关节疼痛。

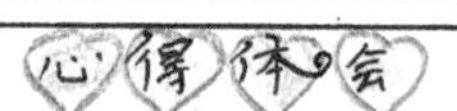


自从在外祖母家得到了一颗神奇的种子，从播种到开花，指甲花陪伴了我近3个月，它已经成了我的好朋友，我每天给它浇水，怕它长虫子，记录它的生长过程，看着它从一粒小小的种子到繁花满枝、硕果累累，我感到无比幸福和满足。

# 自然笔记

## ——指甲花成长记

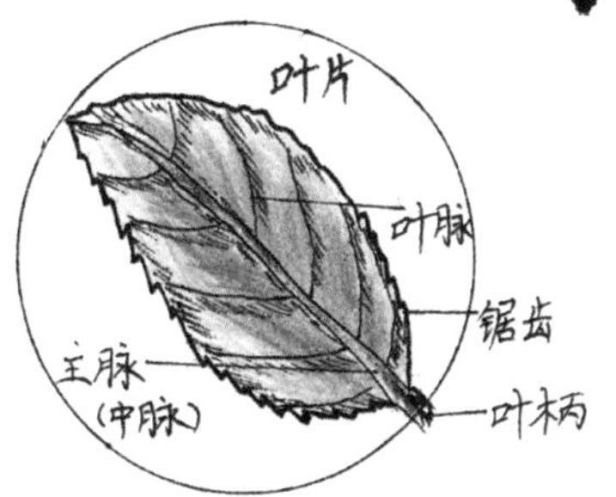


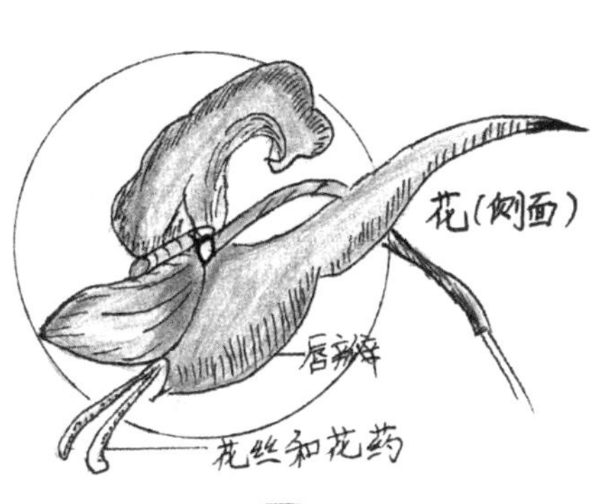

凤仙花，又名“指甲花”“染指甲花”“小桃红”等。

指甲染法

1. 将花瓣中放入适量食盐(也可以加入微量明矾，明矾过多会导致所染颜色变深)，然后捣烂。

2. 静置一会儿，取适量捣烂花瓣敷于指甲，以盖住指甲为准，用叶子包住，过几分钟，漂亮的橘红色就出现在指甲上啦！

我的指甲漂亮吧！^^

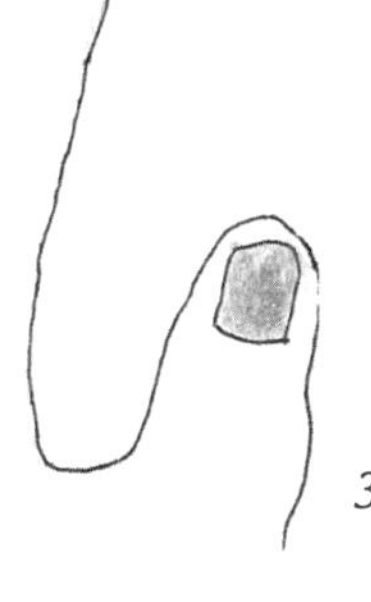

姓　　名：姚芊羽

年　　龄：9岁

作品名称：《自然笔记——指甲花成长记》

| | |
|---|---|
| **姓　　名：** | 廖莉莎、伍瑾 |
| **年　　龄：** | 16 岁 |
| **作品名称：** | 《树为什么要"皮"》 |

假期里，我发现很多树被围绕着树干割掉了一圈树皮。老话说，"人要脸，树要皮"。为何要将树皮割掉呢？

查阅资料和请教老师后，我知道了韧皮部的筛管是植物体内有机物的运输通道，茎的环割实验可以证明这一理论。

## 一、提出问题

环割之后有机物能否向下运输到根部呢？

## 二、作出假设

环割之后叶片产生的有机物无法向下运输，证明有机物的运输通过韧皮部。

## 三、设计实验

1. 材料与用具：小叶榕、薄而锋利的小刀、标签纸、铅笔、凡士林。

2. 方法与步骤：选取材料→环割→刮除形成层→涂凡士林→挂标签→观察记录。

## 四、进行实验

我们应选择什么样的植物来进行实验呢？

我们可以选校园里生长状态良好的一株小叶榕，两枝高度差不多、粗细相近的、先端旺盛的当年生枝条。

### ①选取材料

小叶榕：常绿乔木，在观察期间叶子常绿，不会由于形成大面积枯叶、落叶而影响实验结果。

### ②环割

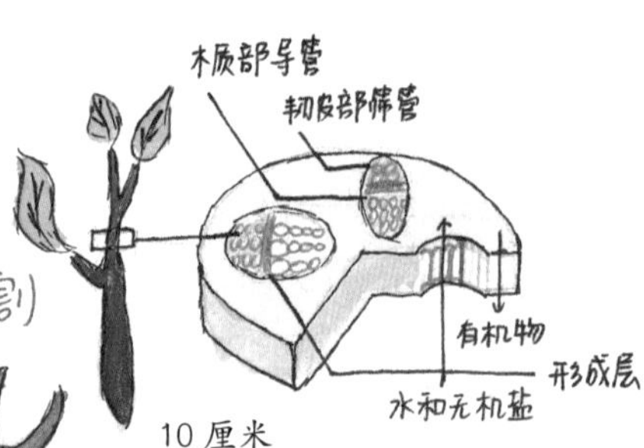


10 厘米

2~3 厘米

在其中一枝枝条距离顶端 10 厘米处进行环割，环割的宽度为 2~3 厘米，环割的深度是"断皮不伤骨（木质部）"，环割部位的上端留有叶片（目的是进行光合作用，合成有机物）。

### ③刮除形成层

避免形成层形成新的韧皮部，影响实验结果。

### ④涂凡士林

隔绝空气，防止病菌感染环割处部位。

凡士林

棉签

### ⑤挂标签

在标签上写上实验起始时间、实验人员，一式两份，分别固定在进行了环割的枝条与之前选择的没有环割的枝条上，形成对照。

重庆市十一中 高2022级8班
鹿莉莎 伍瑾
指导教师：董静莉 宋纪冰
谭贞林

⑥观察记录
每周一次。

# “树为什么要皮”

环割

实验探究植物体内有机物运输途径

## 五、实验结果及分析

①结果：

环割：环割部分上端形成膨大。

没有环割：正常生长。

②分析：

环割上部膨大是由于环割去除韧皮部后，光合作用产物不能向下运输，其在上端积累，同时愈伤组织进行了伤口恢复。

## 七、进一步探究

拓展实验：果树的一段枝条上有两个大小相同的果实，对枝条的两处树皮进行环割。

观察并思考：1.A、B果实不能继续长大的是哪个？为什么？

2.枝条上1~4处中，哪个部位会出现明显膨大？

## 六、实验结论

有机物通过茎的韧皮部向下运输，如果在茎或枝条上进行环割使运输途径中断，有机物就会聚集在其上方，引起这部分组织生长加剧，而形成肿大的愈伤组织或树瘤，借此来证明有机物运输途径。

## 八、体悟

生产实践中的应用：环割破坏的树皮对枝条生长有很大作用，所以“树要皮”。但是在生产实践中，我们可以在生物学知识的指导下，在开花期，适当环割枝干，暂时阻碍有机物质向下输送，增加伤口上部养分积累，促进花芽分化和提高果实品质，提高生产效益。

体悟：原来我们所学习的生物知识如此贴近生活！我们要善于将所学运用到实践中！

# 第二章

# 我笔下的多样动物

姓　　名：高晨茜
年　　龄：7岁
作品名称：《自然笔记——玄凤鹦鹉》

# 自然笔记

## —玄凤鹦鹉

暑假，我家飞来一只鸟，它不怕人，喜欢唱歌，十分漂亮。妈妈说这是玄凤鹦鹉，又叫鸡尾鹦鹉，是一种活泼、亲人的小鸟。

弯钩形状的喙使它吃瓜子和谷子时容易剥皮。它咬人很疼，看来喙是它的防守利器。
耳朵藏在“红脸蛋”里，是一个小孔。

它的舌头很灵活，我发现它可以模仿别的鸟叫，学人唱歌。

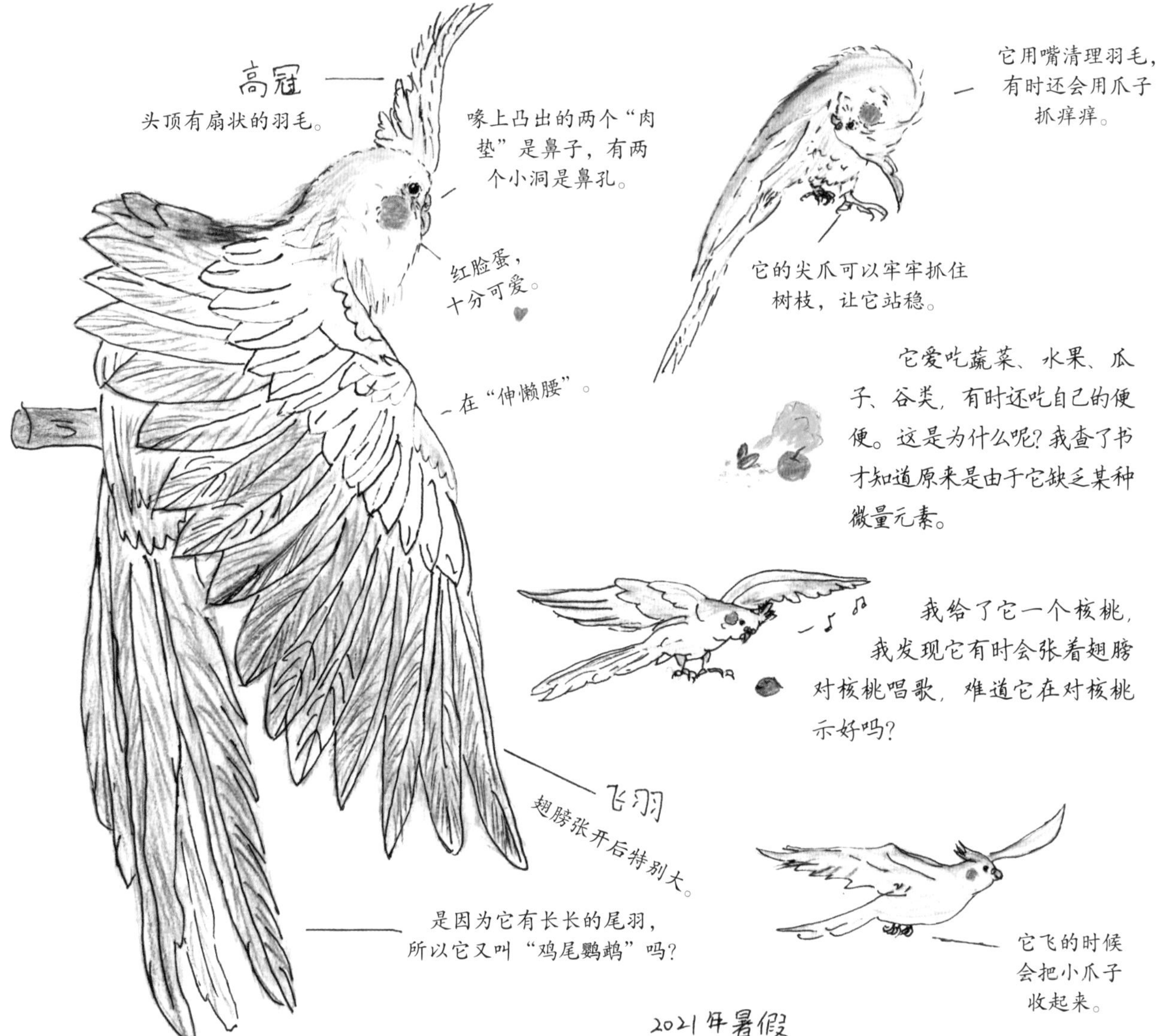

高冠
头顶有扇状的羽毛。
喙上凸出的两个“肉垫”是鼻子，有两个小洞是鼻孔。
红脸蛋，十分可爱。
在“伸懒腰”。
它用嘴清理羽毛，有时还会用爪子抓痒痒。
它的尖爪可以牢牢抓住树枝，让它站稳。
飞羽
翅膀张开后特别大。
是因为它有长长的尾羽，所以它又叫“鸡尾鹦鹉”吗？
它飞的时候会把小爪子收起来。

它爱吃蔬菜、水果、瓜子、谷类，有时还吃自己的便便。这是为什么呢？我查了书才知道原来是由于它缺乏某种微量元素。

我给了它一个核桃，我发现它有时会张着翅膀对核桃唱歌，难道它在对核桃示好吗？

2021年暑假

# 捕鱼"使者"——

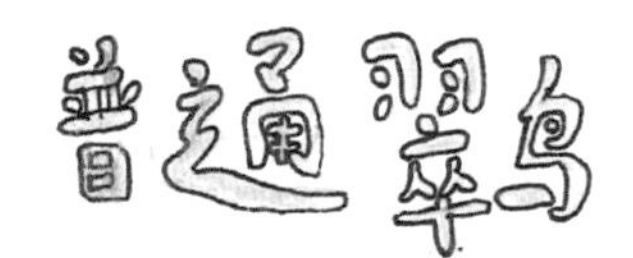


白斑

眼睛：水汪汪的，也很灵敏，只要有一点儿动静，翠鸟就会发现！

外形：比较小，和莲蓬差不多，长16~17厘米，翼展24~26厘米。

颜色：羽毛多为蓝色，也有绿色，腹部多为橙色。

喙：圆柱形，由粗到细，较扁，颜色为上黑下红，我认为喙尖是为了方便破水，喙粗的部分是为了抓鱼。

足：橙色，很小，不仔细看可能会看不见。

叫声：叫声清脆，"叽叽"地叫。

小发现：雌性翠鸟的喙下面是红色的，而雄性的喙是全黑的；雌性翠鸟的羽毛偏暗，雄性的羽毛偏亮。

感受：雌性翠鸟颜色偏暗，可能是为了保护自己和鸟蛋。我认为最有趣的是看它捕鱼，每次看它捕鱼，我都会觉得它像一把剑向水中冲去，动作十分敏捷，我希望我们的捕鱼"使者"能够一直在东湖这片湿地快乐地成长。

**姓　　名：** 徐菲
**年　　龄：** 8岁
**作品名称：**《捕鱼"使者"——普通翠鸟》

16~17厘米

24~26厘米

翠鸟先是飞到水面上，像一把剑一样冲过去。

然后猛地一下把全身扎进水里。

最后用喙夹住鱼，飞到岸上一口把鱼吃了。

时间：2021年6月24日
地点：东湖
天气：晴
记录人：徐菲

# 人类居住区的小精灵——麻雀

观察时间：2021年2月3日—2月28日
发现地点：邵阳武冈奶奶家的阁楼上

姓　　名：郑子涵
年　　龄：11岁
作品名称：《人类居住区的小精灵——麻雀》

1　2月3日　立春　2℃

我在奶奶家的阁楼上玩耍时，突然发现阳台上有三只冻得瑟瑟发抖的小家伙。妈妈说它们是三只小麻雀，可能是从窝里掉出来的。我们决定收养这三只可怜的小家伙。

小麻雀的眼睛还没有睁开，它们发出微弱的叫声，身上光秃秃的，呈粉色，半透明状，我可以透过它们的肚皮比较清晰地看到内脏。我们用纸盒和棉布给它们安了家。

麻雀：

小型鸟类，雌雄大小、体色相近。上体呈棕黑杂斑状，因此被称作“麻雀”。初级飞羽9枚，外侧飞羽的羽缘，在羽基和近端处稍大。嘴短而粗，呈锥状，嘴锋稍曲，闭嘴时上下无缝。

2　2月7日　5℃

我们上网搜索了小麻雀可以吃的食物，用镊子夹取蛋黄来喂食，它们用张开后比头还大的嘴巴来抢食物。

4天过去了，小麻雀的头部、翅膀和尾部长出了短短的羽毛，叫声也变得大多了。

3　2月10日　6℃

一周过去了，它们的食量大得惊人。

小麻雀的羽毛越来越多，慢慢长出了灰白色绒毛，脚也变得有力，能够自己站立了，叫声也越来越大。

4　2月17日　8℃

第二周，小麻雀长出了许多绒毛，羽毛变得十分坚硬，嘴巴颜色变深了。它们能站在木棍上了。我给它们喂鸟食，它们学会了啄食。

5　2月24日　9℃

第三周，小麻雀的身体越来越接近成鸟了，会扑翅膀了，还学会了啄食小虫子。

6　2月28日　12℃

20多天过去了，天气变得暖和，我们决定将小麻雀放回大自然。

小麻雀可以自己生活了，我们将鸟窝放在一棵大树上，树下有许多小虫子。将来小麻雀会生下许多和它们一样的小小麻雀吧。

# 果园里的戴胜

2021年4月24日　阴

今天中午，我去爷爷家的果园里玩。我正蹲在地上看着一只小虫爬来爬去。正巧，有一只美丽的鸟儿落在果树的枝杈上。我兴致勃勃地看着它。它的头上有像皇冠一样好看的羽毛，还有又尖又细的长嘴巴，它停在树上东张西望。我不敢有大动作，想轻轻地靠近它，可它突然张开翅膀飞走了。我有些失望，不过它一会儿又飞回来了。这次它停在草丛里，嘴巴一下下地在泥土里找着什么，后来我发现它在吃虫子。我不知道它叫什么名字，回家上网查了查，原来它叫戴胜，是国家二级重点保护动物。

扇状羽冠

嘴巴细长而弯曲

体羽棕色

翅膀、尾巴有棕色和白色横纹。

## 让我们来认识它吧！

戴胜，又叫花蒲扇、山和尚等，名字有点儿多。它头上顶着彩色的羽冠，全身棕色，两翅和尾栗黑色，有棕白横斑。它的嘴巴细长且尖，能插入泥土和石缝间挖食蠕虫、蜘蛛等。戴胜是以色列国鸟，主要分布在欧洲、亚洲和北非地区，在中国也有广泛分布。

**姓　　名：** 方睿聪

**年　　龄：** 8岁

**作品名称：**《果园里的戴胜》

鸟儿的鸣叫是大自然最美的音乐哦！
观察地：果园
观察时间：4月24日
观察人：二年级 方睿聪
指导人：妈妈 马琴

# 红头长尾山雀

| | |
|---|---|
| 姓　　名： | 王歆集 |
| 年　　龄： | 11 岁 |
| 作品名称： | 《红头长尾山雀》 |

日期：2021年2月6日

天气：多云，7~12℃，西风2级

地点：上海 浦东 世纪公园 梅花林

记录人：王歆集 五(1) 竹园小学

别称：红头山雀

目：雀形目

科：长尾山雀科

体长：90～116 毫米（约为一张银行卡的对角线长度）。

体重：4～8 克（4～8 个壹角硬币的重量）。

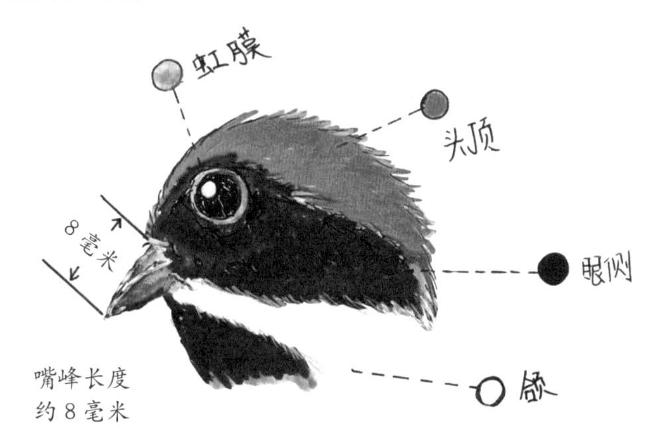


嘴峰长度约 8 毫米

额、头顶和后颈栗红色，眼周、头侧和颈侧黑色，其余上体暗蓝灰色。

腰部羽端浅棕色，飞羽黑褐色，领、喉白色，喉部中央有一大块黑色斑块。

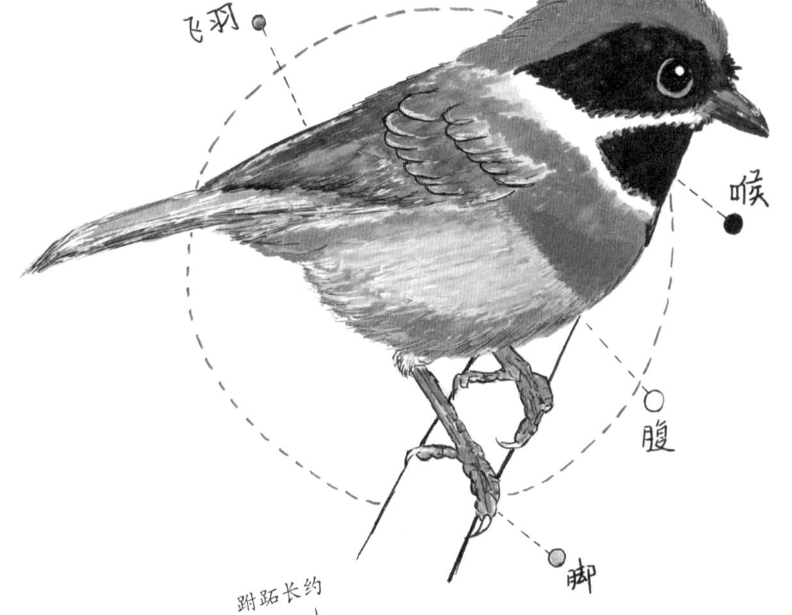


胸部、腹部为白色，胸部有一条宽宽的栗红色胸带，两肋和尾下为栗红色，覆羽、腋羽以及翼下覆羽为白色，虹膜为橘黄色，嘴为蓝黑色，脚为棕褐色。

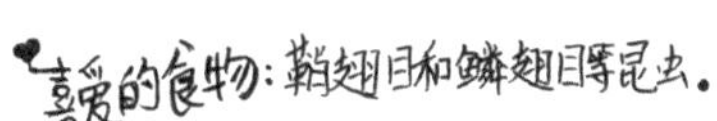

跗跖长约 16 毫米

我第一次见到这个漂亮的小家伙，不禁感叹它如此小巧。我用手机把它拍了下来，和爸爸妈妈一起去图书馆查到了这只鸟的名字，并且了解了它的特征、习性。我还知道了原来它是中国最小的鸟。

随遇而安的"肥仔"
咕……我可是鸟中富豪，我有一条嵌满了"珍珠"的围巾。
日期：11月7日
地点：沙湖公园
天气：晴
珠颈斑鸠，老百姓都叫它"野鸽子"。它的一双小眼睛炯炯有神，红色的爪子，粉褐色的羽毛从脖子一直延伸到腹部，在阳光下格外漂亮。尾羽外侧黑色，末端白色，降落时明显可见。
珠颈斑鸠的适应能力很强，可以居住在公园、田地、树林等地，有时就连空调外机上、人类的阳台上都有珠颈斑鸠的巢。
姓　　名：关彧欣
年　　龄：11岁
作品名称：《随遇而安的"肥仔"》
我是鸟中的低音选手，叫声低沉，重音靠后。"咕咕咕！"我在驱赶入侵者或保护我的小宝宝的时候会发出"咕咕"的声音哦。
珠颈斑鸠会在僻静的草地或树下觅食植物的茎叶、果实和种子，有时也会吃富含蛋白质的蚯蚓。
现在我生活在公园里，几乎没有天敌，我的胆子也渐渐大了。
珠颈斑鸠生性胆小。我家里养了一群家鸽，有时我家在喂家鸽食物的时候，几只珠颈斑鸠会混入，它们不像家鸽那样专注地啄食，而是经常抬头环顾四周，一旦有人靠近，总是先于鸽群发现并径直离开。

# 自然之友

时间：2021年8月14日 星期六 七夕节
地点：黄河口知青小镇
天气：晴
指导老师：常燕.周栋

我们在电线上发现了它，由于距离很近，我一眼就认出来这是黑翅鸢，我非常兴奋，连忙拿起相机"咔咔"记录下了它的"飒爽英姿"。

我的

感悟：黑翅鸢的外表十分帅气，也显现出了大自然的美丽与多彩。我们要更多地探索自然，爱护自然，做一个热爱自然的人，为保护生物多样性作贡献。

翅[chì]鸢[yuān]

特征：眼暗红，眼周黑，上体灰，具黑色翼上覆羽色块，有独特的振翅悬停动作（如上图）。

习性：主食鼠类、蛙类、蛇类等，喜停歇于林缘高处、路边电线杆上。

感悟

姓　　名：姜子路
年　　龄：13岁
作品名称：《自然之友黑翅鸢》

# 几处

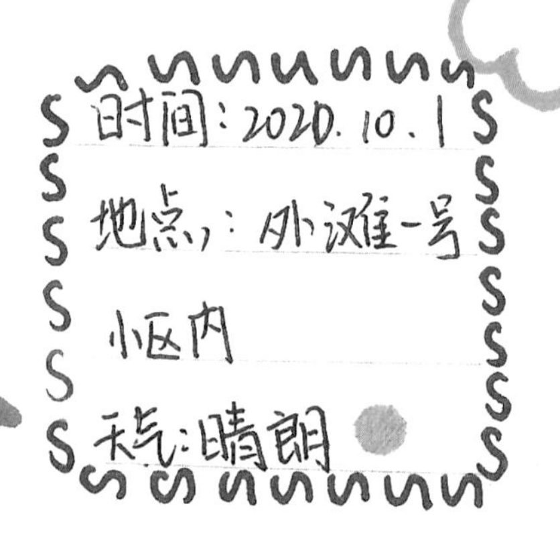

时间：2020.10.1
地点：外滩一号
小区内
天气：晴朗


**分布范围**

亚洲、欧洲、非洲和美洲。

**姓　　名：**程如心
**年　　龄：**17岁
**作品名称：**《几处早莺争暖树 谁家新燕啄春泥》

夏天悄悄地走了，南方温暖的秋天来了。小燕子从北方飞了回来，我在我家楼下发现了一对小燕子，它们有着和剪刀一样的尾巴，一身乌黑发亮的羽毛和圆圆的白色肚皮，漂亮极了！起初，它们在电线杆上“叽叽喳喳”地叫着。可是过了一会儿，它们突然飞走，又快速飞了回来，嘴里还衔着一块儿不知从哪儿找来的泥巴。它们把泥巴放在裸露的电线上。哦，原来它们是要筑巢啊！它们不停地飞来飞去。看！它们衔来的不是纯纯的泥土，而是每一口泥都掺杂着麦草。妈妈说，它们是为了让泥土的黏合力更强。燕子不懈地筑巢，让我明白了做事要坚持，要有耐心，就像学习，要一点点积累巩固，才会学有所成。

燕子

脊索动物门鸟纲雀形目燕科。

以昆虫为食，摄食量少。

每年 4—7 月繁殖。

对人类的益处：

燕子以蚊、蝇等昆虫为主食。一只燕子在一个夏季可捕食各种害虫 50 万只以上，保护了农作物。

福建省三明第一中学
高二(16)班 程如心
指导老师：傅昔昌

# 可怜天

乌鸫每次觅食回来，
都会先四处侦查一番。

2020年5月9日 晴

我家露台外有一棵枝繁叶茂的朴树，常有鸟儿婉转动听的鸣唱从枝叶间传出。今天，我无意间发现一只乌鸫衔着几条虫子站在露台边，正警惕地四处观望。见无危险，乌鸫快速飞到树上。我用望远镜仔细寻找，发现有一个鸟窝隐藏在最粗大的树杈上。

雏鸟的粪便有一个神奇之处，就是包裹排泄物的是一层韧性极好的蛋白质膜，即便雏鸟踩它，它也不会破裂，所以鸟窝里能始终保持干燥、干净的环境。

雏鸟消化系统功能发育不全，一些食物得不到完全吸收就被排泄出来，大鸟可以再次食用，

资料库

**姓　　名：**王子易
**年　　龄：**11岁
**作品名称：**《可怜天下父母心——乌鸫育儿观察记》

鸟窝里有5只毛茸茸的小鸟正拼命伸长脖子，黄色的小嘴张得很大，鸟妈妈正将虫子挨个儿放进小鸟的嘴里。

鸟爸爸、鸟妈妈一定会很伤心吧！

四牌坊小学 五.二班
王子易

# 天下父母心

## ——乌鸫育儿观察记

### 2020年5月10日 晴

乌爸爸和乌妈妈轮流喂食，然后从鸟窝里衔起一块块灰白色的东西，要么咽下，要么衔走，刚开始我不知道那是什么，仔细观察后才发现那是小鸟的粪便！Why？我要赶紧去网上查资料！

而且这样可以保护幼鸟不易被天敌发现，所以乌妈妈、乌爸爸会等幼鸟一排便就马上吃掉或衔出鸟窝。

大鸟有时候喂小鸟虫子，有时候喂果子。

### 2020年5月16日 晴

小鸟们已经能站在鸟窝边，还能跌跌撞撞地走动，随着它们长大，它们的胃口也大了，乌妈妈、乌爸爸不停地捕食、喂食，很是辛苦。我发现窝里又少了一只小鸟，我去树下找了一圈，却什么也没发现，是它已经会飞了吗？

它们还会回来吗？

### 2020年5月14日 阴

小鸟身体慢慢变得乌黑，羽翼渐丰，会站起来试着扇动翅膀，鸟窝已经显得非常拥挤。今天，我发现窝里少了一只小鸟，我赶紧跑到树下寻找。很不幸，我发现了那只小鸟的尸体，树干旁的草地上还有一颗完整的鸟蛋。唉，可怜的小鸟，是昨晚被挤下来了吗？

### 2020年5月17日 晴

鸟去巢空，我以为再也看不见它们了，却突然听见了小鸟稚嫩的歌声，原来两只胆小的小鸟还躲在树叶间拍打着翅膀。乌妈妈在一旁鼓励它们飞翔，乌爸爸还会时不时捉虫子来喂它们，而胆大的那只早已在四周勇敢地探索了，它从树上飞到露台，又从露台飞到对面房屋的窗台上……等我傍晚回家时，所有鸟儿都不见了踪影。乌爸爸、乌妈妈一定带孩子们去学新的技能了吧。

可怜天下父母心，鸟儿也是如此。正因为有父母的爱，生命才得以生生不息，我们应该去爱，去尊重，去敬畏生命。

# Part 1:(2020.7.12)初识

暑假的一天，我来到学校找值班的妈妈，在一楼的过道上发现了一只翅膀受伤的幼鸟，它不停地"叽叽叽"叫着，当我靠近它时，它颤颤巍巍地想要飞走，但只蹦跳了几下就摔倒了，"嘿，小家伙，别怕！"我和妈妈四处都没有找到它的家，又怕野猫吃了它，于是我决定把它带回家喂养，小家伙十分可爱，我给它取名为"小小"。

观察日期：2020年7—10月

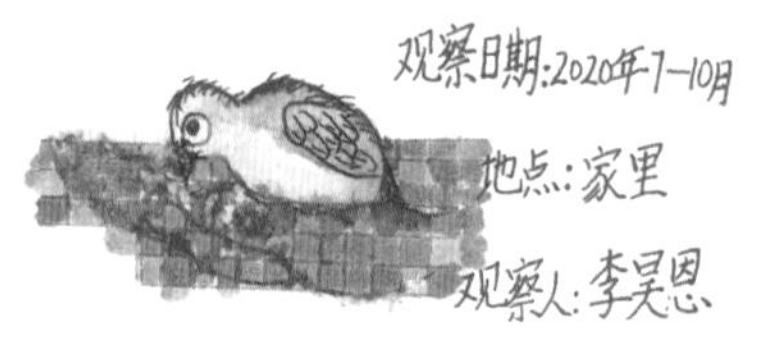

地点：家里

观察人：李昊恩

回到家，我们赶紧用纸箱给它搭建了一个简易的家，可它不吃也不喝。我们看在眼里急在心里，怎么办呢？我们立即上网查了查原因，有种说法是："一只受伤的鸟会害怕到吃不下东西，喝不进水。"于是，大家决定先观察，再想办法。

# Part 2:(7.13)震撼

第二天早晨，阳台传来了小小的叫声，那声音越来越大、越来越急，我赶紧跑去阳台，发现一只嘴里叼着红色果实的大鸟正站在阳台的栏杆上，它一看见我，立刻就飞走了。我赶紧告诉妈妈，妈妈拉着我小心翼翼地躲在阳台落地窗的窗帘后面，透过窗帘的缝隙悄悄地看着阳台上的一切。功夫不负有心人，刚才的大鸟又来了，这次它嘴里叼的是剥了皮的葡萄。只见它在栏杆上来回跳跃着，东瞅瞅，西望望。我抓紧了妈妈的手，大气都不敢出，怕又把它吓跑了。大鸟在反反复复确认了周围是否安全后，终于从栏杆上飞了下来，落在了小小面前的纸箱沿儿上，把叼着的葡萄喂进了小小张得大大的嘴里。我被眼前的一幕惊呆了："太神奇了！"我激动得抱着妈妈跳了起来，妈妈也兴奋得连连说道："太不可思议了！""它会是小小的爸爸或妈妈吗？但我们家离学校可不算近。""也许它们是同类，听见小小稚嫩的叫声，就来喂它。"我们不知道真相到底是什么，但这份深深的爱震撼了我们家的每一个人，这真是"天地有爱，万物有情"！

# Part3:(7.15)相识

接连几天，都是同一种大鸟来喂小小，这种鸟比麻雀大，穿着灰绿色和黄绿色的"衣服"，最特别的是头顶后部是白色的，好像戴了一顶雪白的贝雷帽，大家都不确定这是什么鸟。为此，妈妈联系到了一位鸟类学家，把我们拍的视频和图片发给了他，他告诉我们这是白头鹎（音：bēi）。

梳理：仔细清理皮肤、羽毛

# Part4:(7.20)"烦恼"

小小的到来为我带来无尽的欢乐，随处可见的便便还让我多了一个身份——铲屎官。我发现小小吃了食物没多久就会拉便便，尤其是吃了果实的种子，基本不消化，这是为什么呢？我和爸爸妈妈查阅了相关资料，原来是由于鸟的肠子短，存不住便便，而且鸟在飞行的时候要保持体重，所以无论飞翔，还是停留，鸟都会排便。被吃了的种子不易被消化，才能随着鸟的排泄被带到别的地方，有机会遇到适宜的生长环境，就会重新萌发，长成新的生命。这应该是很多植物繁衍生息的办法，看来鸟儿和果实是很好的合作伙伴呀！

扑腾：水花飞溅

纸箱变鸟笼

小小吃了蛇莓果实拉出了鲜艳的便便。

鸟飞

雀形目鹎科，鸣禽，因为枕部为白色，所以又叫"白头翁"。体长20厘米左右。喜欢吃果子、种子、虫子，是农林益鸟之一，值得保护。

姓　　名：李昊恩
年　　龄：10岁
作品名称：《天高任鸟飞》

## Part 5:(7.23) 成长

大鸟每天都来给小小喂食，风雨无阻，从不间断。每当这时，我们就远远地站着不动，尽量不打扰到它们，我们彼此默契地配合着。时间一天天过去，小小可以从我给它搭建的最矮的玩具杆跳到最高的玩具杆上了，上蹦下跳，它的尾巴变长了，就像穿上了一件贴身的燕尾服，身体强健了不少，叫声也洪亮了许多，这一切都是大鸟的功劳。可今天，大鸟并未叼着食物如约而至，小小呼唤着，那凄厉的叫声果真唤来了大鸟，可大鸟的嘴里并没有叼来小小期待的食物，匆匆停留后，大鸟就直接飞走了。无论小小怎样呼喊，大鸟再也没有出现。我们一头雾水，上网也查不到原因，难道是大鸟要让小小独立觅食？可稚嫩的小小还不能飞呀！或许是小小已经接受了大鸟不再给它喂食的事实，或许是这段时间的相处让小小放下了戒备，或许是它的心理也随着身体成长了不少，它接受了我们给它准备的食物——小米、葡萄干、面包虫等，它会歪着头仔细观察眼前的食物后，猛地一啄，之后晃动几下脖子，食物就进了肚。

葡萄干　小米　面包虫

## Part 6:(7.24—10.17) 融入

小小越来越适应我们家，它喜欢沿着客厅地砖缝隙的黑线跳来跳去，乐此不疲；它也喜欢啄我的脚趾缝或鞋子，它应该是在勤奋地练习觅食的技巧吧。出乎意料的是，它还是一只喜欢洗澡的鸟。只要我将接好水的水盆端到它面前，它就会毫不犹豫地跳进水盆，张开翅膀，抖动羽毛，快乐就像那飞溅的水花一样散射开来。它洗完澡，就跳到玩具杆上，慢条斯理地梳理羽毛，清理脚趾，一副享受的样子。

白头鹎

—枕部(头后部)为白色
—背部羽毛为灰绿色
翅膀和尾巴为黄绿色

洗脚：嘴是很棒的工具

## Part 7:(10.18) 别离

科普小提示：捡到受伤的鸟类，为避免盲目救护，尽量联系专业机构帮忙。

不知不觉已经3个多月了，小小长大了，活脱脱一只俊俏的鸟儿了，它时常呼扇着它那有力的翅膀，我隐隐有了一丝担忧。果不其然，这天，小小吃完食，啄了几下我的脚丫子，飞到阳台的栏杆上顿了一下，一个俯冲就飞进了对面的榕树林里，消失得无影无踪。

晾干：吹风，让羽毛变得蓬松

虽然小小的离去早在我们的预料之中，但早已把它当成家里一分子的我们还是有很多的不舍。妈妈说："小小终究是属于大自然的。"

这一场人与鸟的萍聚虽短暂却难忘，虽仓促却不失美好，虽不舍却彼此尊重，这就是人与自然的和谐相处之道！

# 蝈小弟的故事

自然观察笔记

日期：2021年8月29日
天气：33℃，晴
地点：北京延庆永宁古镇
记录人：朱棣文

①

8月29日，
妈妈要给我买一只蝈蝈，在挑选时，我发现它个头有点儿小，叫声却特别大，所以我选择了它。

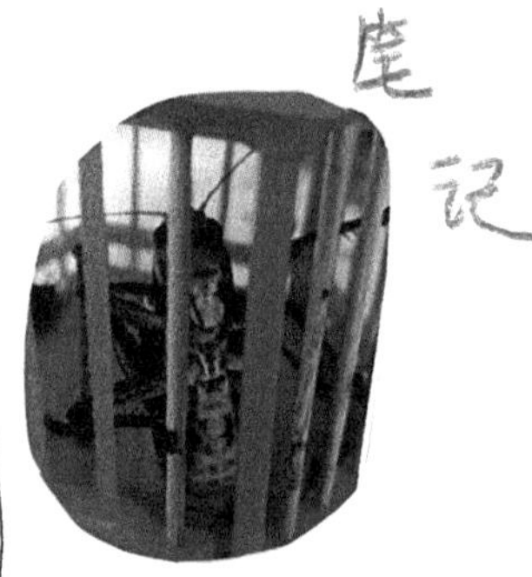

②

奇怪的是，在开车回家的路上，它变得很安静，笼子被挂在车窗的钩子上，而它总是面向我站在笼子里，长长的触角好像在试探什么。而我只能看到它又鼓又绿的大肚子，爸爸说它可能胆子小，所以不叫了。

**姓　　名：** 朱棣文
**年　　龄：** 9岁
**作品名称：**《蝈小弟的故事》

④

我每天到家前，离它好远就能听到它快乐地歌唱，我一进门发出声音，它就不唱了。它很喜欢吃胡萝卜条，那时它看起来很开心，它还会排泄很多棕色的排泄物。

③

在带它回家的那天夜里，我刚睡着，就听到它开始大声歌唱了。

⑤

我很想让它回到草丛里，向它的伙伴们讲它的经历，可是我又舍不得……

# 小区里的运动健将——“扁担钩”

**名字** 扁担钩，又称“挂大扁儿”“尖头蚱蜢”，它的学名叫“短额负蝗”。

**特点** 短额负蝗生活在比较高的草丛里。它的体色和草一样，不动的时候很难被发现。它喜欢吃植物的嫩叶，我捉了几只短额负蝗带回家观察，喂它们油菜、小白菜、莴笋叶，它们都很爱吃。

**身体**

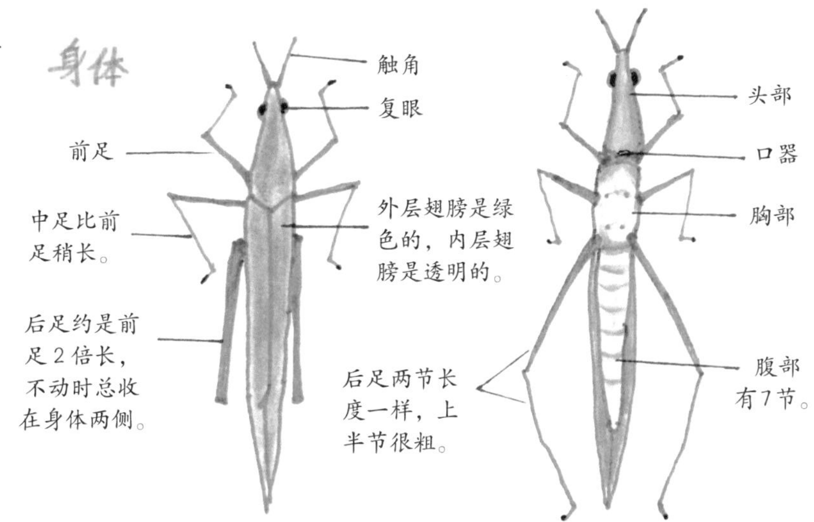

触角
复眼
前足
中足比前足稍长。
外层翅膀是绿色的，内层翅膀是透明的。
后足约是前足2倍长，不动时总收在身体两侧。
后足两节长度一样，上半节很粗。
头部
口器
胸部
腹部有7节。

**爬行** 我观察到短额负蝗是用前足和中足爬行的，它的后足经常收在身体两侧。

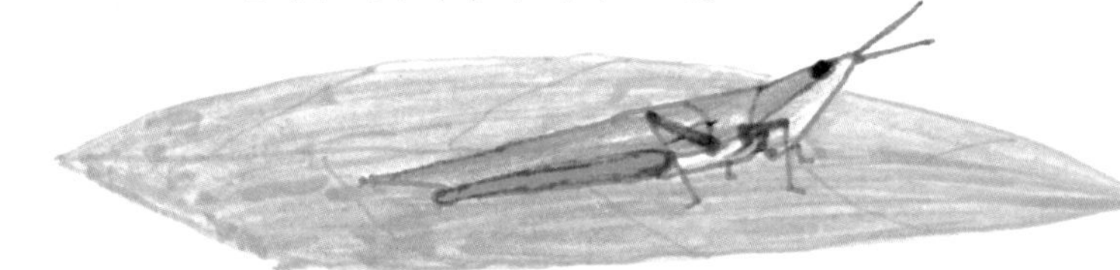

姓　　名：王嘉语
年　　龄：10岁
作品名称：《小区里的运动健将——“扁担钩”》

**飞行** 我把捉住的短额负蝗放飞，它们飞不太远就落下了。我观察到它们能飞超2米远的距离。

**跳跃** 短额负蝗在跳跃时全是后足发力。我通过慢速摄影观察到它们起跳时折着的后足会瞬间弹开蹬地，把自己弹出去，动作特别快。

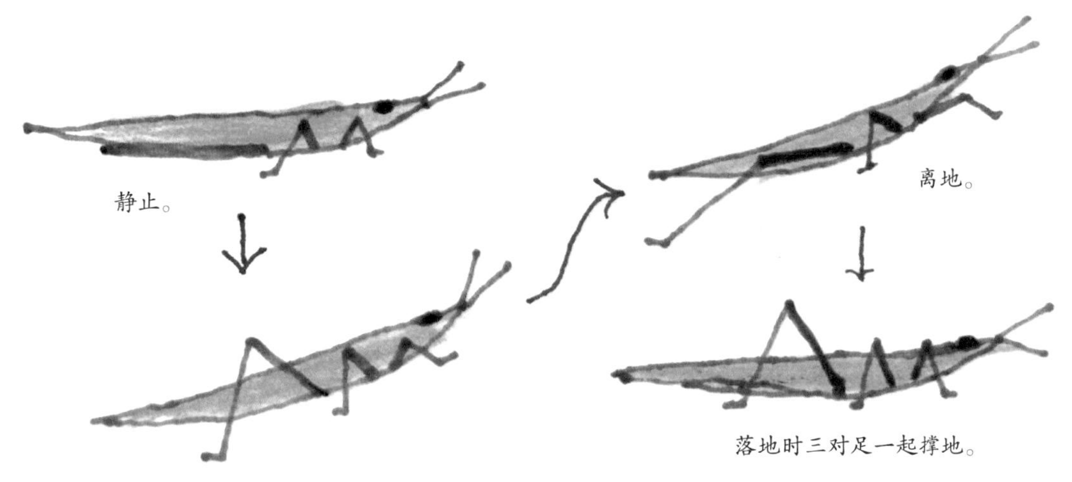

夹竹桃
有趣的蚂蚁
姓　　名：李沐晨
年　　龄：12岁
作品名称：《有趣的蚂蚁》
感悟
大自然充满了神奇，我们要用细心和耐心去慢慢发现大自然的趣事，发现它的神奇之处。
时间：2021年8月5日
地点：芦洲公园
观察人：李沐晨

夹竹桃是一种中药材，为夹竹桃科植物，常绿灌木，高2~5米。叶具短柄，3叶轮生，少有对生，窄披针形，长7~19厘米，宽1~3厘米，先端尖，全缘，基部楔形。
蚂蚁是一种昆虫，别名“蚁”“玄驹”“昆蜉”“蚍蜉蚂”，部分蚂蚁属节肢动物门昆虫纲膜翅目蚁科。蚂蚁的种类繁多，世界上已知有1万多种。蚂蚁的外部形态分头、胸、腹三部分。
我和弟弟在法布尔的《昆虫记》中了解到蚂蚁会“放牧”蚜虫，这激起了我和弟弟的极大兴趣，我们准备利用暑假来好好观察这一有趣的
现象。我家附近的公园种植了很多夹竹桃，经过好几天在那里的蹲守，我终于等到了蚂蚁的“放牧”。蚂蚁把蚜虫赶到夹竹桃
上，蚂蚁保护着蚜虫，等蚜虫吸食够了树汁，蚂蚁就会用前足去刺激蚜虫，让它分泌蜜露，蚂蚁就会吃掉这些蜜露。
蚂蚁的社会特性
蚂蚁为典型的社会性群体，具有社会性的三大要素：同种个体间能相互合作照顾幼体；具有明确的劳动分工；在蚁群内至少有两个世代重叠，而且子代能在一段时间内照顾上一代。

茄子叶子

我是"食菌派"代表——

十二斑褐菌瓢虫！

姓　　名：陶粲粲
年　　龄：13岁
作品名称：《瓢虫》

食菌——瓢

嗨，我是观察人。因为我一直对瓢虫的顺口溜"二七和十三，杀敌最勇敢；十和二十八，坚决消灭它"的准确性而疑惑，所以对这群"小精灵"开始了观察。

2021年8月
阳澄湖畔
陶粲粲
七年级

太不严谨了！有十颗星的瓢虫可不都吃叶子，十星瓢虫吃叶，可我兄弟十斑大瓢虫也是和我们一样吃虫，而且我们大多身上很光滑。

# 茄科害虫

我们真不懂叶子有什么好吃，明明上面的白粉才最香！颜值担当的我们在治疗白粉病时，又被夸可爱，真是名利双收。不像某虫，就知道吃叶子。

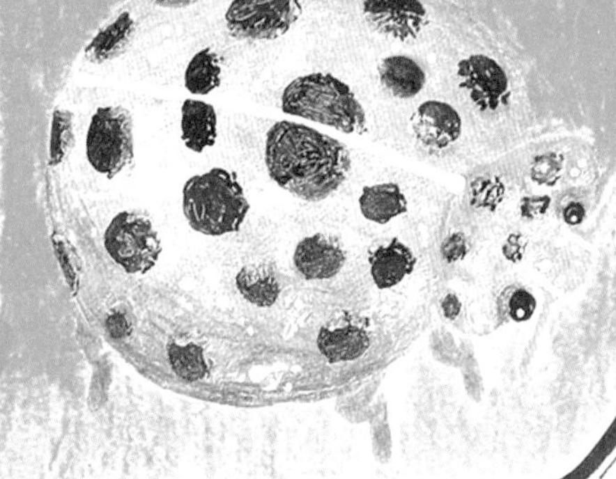

虫

食叶

你这可“得罪”了所有吃叶子的虫！我叫**茄二十八星瓢虫**，和兄弟马铃薯瓢虫长得很像，而且都爱吃番茄、甜椒等。我略小，但帅多了！别认错！关于手感……可能由于我们“门派”身上常有细微的绒毛才会这样吧。

食虫

这只瓢虫有两星，不过它是益虫还是害虫呢？

？？？

二星、七星、十三星瓢虫

# 蚜虫终结者

# 二尾蛱蝶

姓　　名：张宇轩
年　　龄：11岁
作品名称：《二尾蛱蝶》

我漫步在江边步道，看见草坪上有一只二尾蛱蝶，初次相见，它的美令人心动。我走上前，发现它正趴在一坨狗屎上“贪婪”地吮吸！同行的人纷纷后退，我屏住呼吸，蹲下身仔细观察。

它沉浸在“美食”中，丝毫不受影响，我能够清楚地看到它双翅上的花纹。

2021年6月13日 15时
南京中山码头 晴 23℃

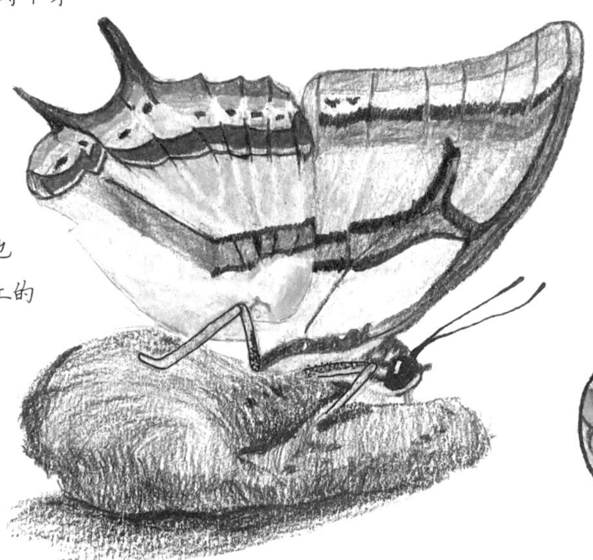

难怪它出现在这里！

二尾蛱蝶的幼虫以合欢树的叶子为食。

鳞片

蝴蝶可以调节鳞片的角度，便于身体吸热和散热。

## 特殊食物

不是所有蝴蝶都吃花蜜哦！散发着“迷人”气味的排泄物也可以为蝴蝶补充营养。

1个多小时后，我返回此地，它居然还在享用“大餐”！它被我惊扰，飞到一旁的合欢树上不见了。

口器

口器特化成一条可伸缩的喙管。

## 简介

二尾蛱蝶翅展约70毫米，翅浅绿色，具黑色带纹，翅外缘黑色，后翅具两条尾突，外缘黑纹内侧镶橙纹，臀角具小眼斑。

华东师大二附中附属初级中学
张宇轩（预初）　　闵行区
指导老师：孙慧

# 魔都夏季常客

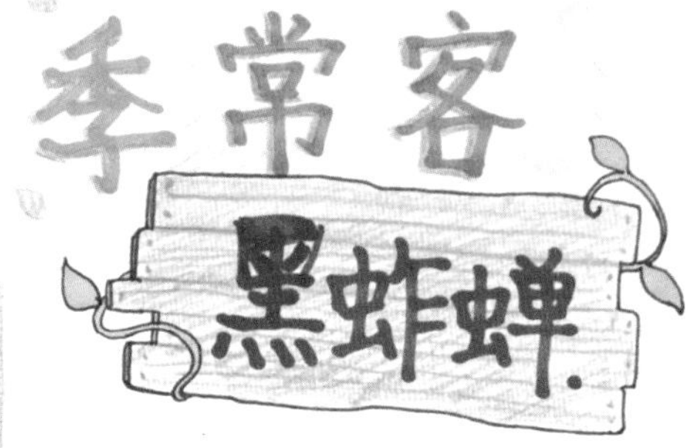


姓　　名：梁潇
年　　龄：16岁
作品名称：《魔都夏季常客黑蚱蝉》

时间：2021年8月9—10日
地点：浦东新区南码头绿地
天气：晴
记录人：三林中学 高二(5)班 梁潇
指导老师：檀鲁锦

2021年8月9日　晴

我在树上发现一只活的公黑蚱蝉，把它拿下来放在手指上，结果它把手指当成树试图用口器插入（幸好没插破）！

黑蚱蝉背部（母）

宽1.5厘米

全身（不包括翅膀）4.4厘米

全身（包括翅膀）6.4厘米

外翅5厘米
内翅3厘米

2021年8月10日　晴

我于灌木丛旁发现一只尸体僵硬的母黑蚱蝉，把它带回家进行观察。

刚毛状触角

口器长0.9厘米

爪勾十分尖利，勾在手指上比较难拿下来，还会使人感到刺痛。

如此厉害的爪勾就是蝉能攀在树上的秘诀（不过被强风一吹还是没用）。

体黑褐色至黑色，有光泽，披金色细毛，十分具有美感。

公黑蚱蝉腹部第1到2节有鸣器，这只为母黑蚱蝉，所以没有。

许多刚毛
尖利爪勾（2个）
是齿刺吗？

产卵器官只有母黑蚱蝉有，十分坚硬、锋利、完好。

黑蚱蝉的翅膀十分漂亮，基部翅脉金黄色，慢慢过渡到尾部翅脉的黑灰色。

死蝉尸体逐渐发臭，于8月11日严重腐烂，我把它扔了。

*Tips*：死昆虫属于厨余垃圾！

我于榆树树干上及榆树下发现两只蝉。

黑蚱蝉是上海常见的一种蝉，对树木具有很大危害，产卵于树木内部，阻碍树木水分、养分的输送。

# "知了，知了……"

时间：2021年7月26日至29日

地点：长安杜陵小树林

盛夏的傍晚，它从洞穴里爬出，全身沾满了泥土。几小时后，它淡淡的身体颜色渐渐加深，原本白色的眼球变成了黑色，视力也逐渐恢复。它顺着树干慢慢地向上爬行，现在它要蜕一次皮，才能变成蝉。

蝉的一龄虫约4年前从树干爬下来钻进土里，从此开始了漫长的地下生活。在洞穴里，它的躯干和腿上陆续长出了长毛——"触觉毛"，用以感知周围情况，黑暗让它的视觉自然退化，树根的汁液是它的食物。

# 夏日的歌唱家 蝉 多年等待只为一鸣

天气：晴转小雨

姓　　名：孙鸿柳
年　　龄：9岁
作品名称：《蝉》

它用一对最结实的前腿紧紧抱住树枝，保持十几分钟后，它的背部正中央出现一条裂缝，裂缝变得越来越宽，一个绿色的身体突然从蛹壳里冒了出来，这时的蝉把身体向后伸展，腹部渐渐从蛹壳里露了出来，紧接着它将身体立了起来，整个过程用了约30分钟。

微风吹过，蝉不再是淡绿色，经过约3个小时，皮肤呈现出标志它健康的褐色。这时的蝉就可以在空中自由飞翔了。"知了，知了……"4年的地下生活，就为了这夏日的一鸣。

夏末，雌蝉会在树干上产下约400枚卵，这时蝉就结束了它短暂的一生。

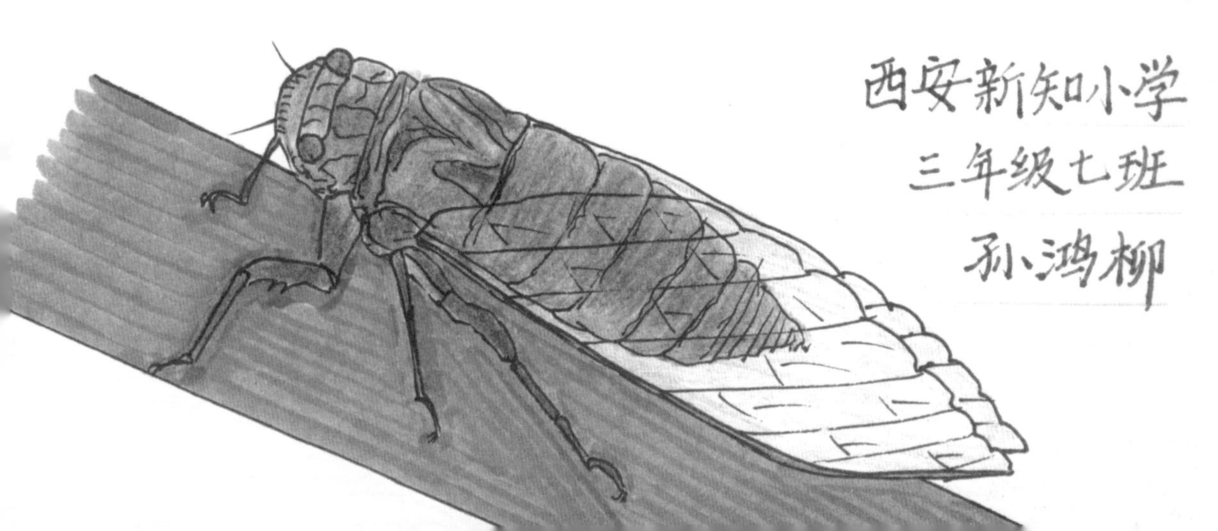

西安新知小学
三年级七班
孙鸿柳

姓　　名：胡文庆
年　　龄：10岁
作品名称：《农田卫士成长记》

②蝌蚪

蝌蚪没有四肢，有口和内腮。它的身体像纺锤，有着扁扁的长尾巴，全身呈黑色，喜欢围在荷叶边、水草边玩耍。

蝌蚪头部两侧有外露的腮，当四肢开始发育时，腮会逐渐收入体内。

观察人：胡文庆
观察地点：武汉工程大学小池塘
观察天气：晴
观察时间：2021年3—5月

蝌蚪也能吃害虫哟！

一只蝌蚪一天能吃100多只小虫呢！

青蛙卵是黑色的，有油菜籽那么大，有些像小逗号。卵的外部被特殊的胶状物保护着，我把手伸进水里触摸它，它滑滑的，像滑嫩的果冻。

2个月

③幼蛙

50～60天，蝌蚪慢慢发育成幼蛙。蝌蚪先长出后腿，紧接着长出前腿，当幼蛙逐渐发育为成体的微缩版时，尾巴就开始萎缩。

幼蛙的后脚像鸭蹼一样，这种形状的脚有助于它游泳。

④蛙

20天

又过了20天左右，幼蛙慢慢成熟。它除了肚皮是白色的，头部和背部都是黄褐色的，背上有两道白印。它开始通过肺和皮肤呼吸。

青蛙等待猎物时，总是将后腿蜷跪在地上，用前腿支撑身体，张着嘴巴昂着脸。当小虫子飞过时，它的身子会猛地向上一蹿，舌头一翻，当它落回原地时，小虫子已经被吃了。它又继续等待着下一只小虫子。

青蛙以昆虫为食，所食昆虫绝大部分为农业害虫。据估计，一只青蛙一天可捕食约70只虫子，一年可消灭约1.5万只害虫。

捕蛙必然会破坏生态平衡，导致害虫泛滥。我呼吁大家共同保护农田卫士——青蛙！

# "寒露使者"变装探秘

## 你知道寒露林蛙吗？

姓　名：史罗慧婷
年　龄：11岁
作品名称：《"寒露使者"变装探秘》

**寒露林蛙是我国特有且唯一以节气命名的物种。**

一次野外研学时，我意外地收获了几只珍贵的寒露林蛙。经随行专家授权、同意，我幸运地将几只寒露林蛙带回家继续观察、研究。

观察中，我发现了一个奇特的现象，就是寒露林蛙身上的颜色会发生改变！是什么原因让寒露林蛙的体色发生了变化呢？我决定做个实验，探寻这位"寒露使者"的变装之谜。

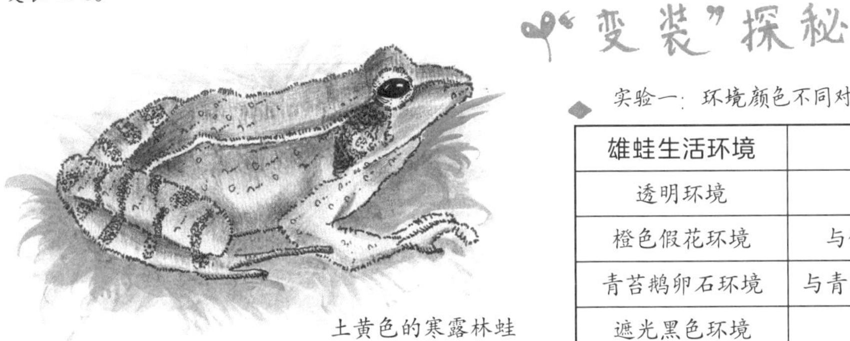

土黄色的寒露林蛙

## "变装"探秘

◆ 实验一：环境颜色不同对雄蛙体色的影响

| 雄蛙生活环境 | 雄蛙体色 |
| --- | --- |
| 透明环境 | 枯黄色 |
| 橙色假花环境 | 与假花亮度相近的枯黄色 |
| 青苔鹅卵石环境 | 与青苔环境相近的深橄榄绿色 |
| 遮光黑色环境 | 很深的灰橄榄色 |

◆ 实验二：同种颜色环境，天气对蛙体色的影响

| 生活环境 | 蛙类 | 气候条件 | |
| --- | --- | --- | --- |
| | | 温暖：18℃（白天 晴天） | 寒冷：6℃（白天 阴天） |
| 青苔鹅卵石环境 | 雄蛙 | 体色变浅，呈土黄色 | 体色变深，呈黄褐色 |
| | 雌蛙 | 体色变浅，呈枯黄色 | 体色变深，呈浅褐色 |

◆ 实验三：其他因素的影响

| 蛙类 | 刺激方式 | 情绪状态 | 体色变化 |
| --- | --- | --- | --- |
| 雌蛙 | 突然用手紧抓 | 紧张 | 身体局部变红，体色呈浅咖色 |
| 雄蛙 | 舒缓的轻音乐 | 平和 | 体色呈土黄色，无明显变化 |
| | 重金属摇滚乐 | 烦躁 | 后肢慢慢变红，与前肢和躯干的颜色相比变深了 |

变色的寒露林蛙

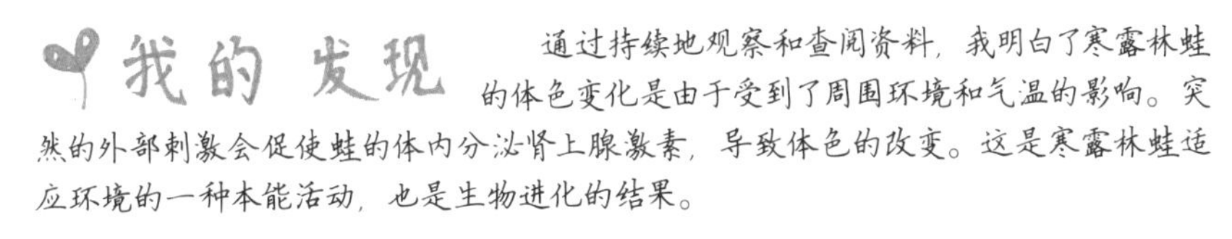

## 我的发现

通过持续地观察和查阅资料，我明白了寒露林蛙的体色变化是由于受到了周围环境和气温的影响。突然的外部刺激会促使蛙的体内分泌肾上腺激素，导致体色的改变。这是寒露林蛙适应环境的一种本能活动，也是生物进化的结果。

## 我的感悟

在研学时，我听老师讲过达尔文的"进化论"。寒露林蛙的变色现象不仅证实了这个观点，也让我懂得了"适者生存"的道理。动物如此，我们的学习、生活也是如此。

节气：寒露
时间：2019年10月4日—2020年2月
地点：家中窗台上
记录人：史罗慧婷（西大附小五三班）
指导老师：罗键、戴小浪、罗亚娟

# 小河蟹

姓名：李心语
指导老师：郭慧
地区：浦江青少年宫中福会
学校：上海市浦江第一小学
年级：三年级

**姓　　名：** 李心语
**年　　龄：** 8岁
**作品名称：**《小河蟹》

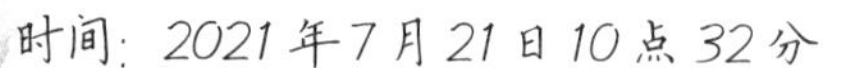
时间：2021年7月21日10点32分

天气：晴

气温：31℃

地点：江坤路旁的小河边

今天上午，我在小河边发现了很多小洞。我在想，是谁住在这些洞里面呢？是青蛙吗？我决定下午再来观察一下。

小河蟹的眼睛会伸缩，它的视力一定很好。

它的钳子是白色的，被它夹了一定很痛。

它前腿上的毛最密、最多。

脚指甲又长又尖。

我发现小河边生活着很多这样的小河蟹，它们都横着走路，这是为什么呢？我以后要多观察，多研究。

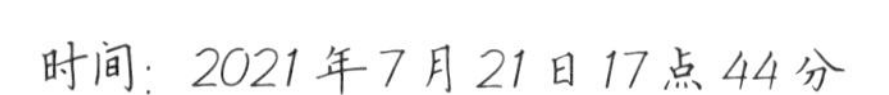
时间：2021年7月21日17点44分

天气：晴

气温：29℃

下午，天气没中午那么热了，我又来到小河边观察。我看到有几只小螃蟹待在洞口，原来这里是小螃蟹的家。它们待在洞口想干什么呢？可能是想出来散步吧，但又觉得现在洞外还有点儿热？

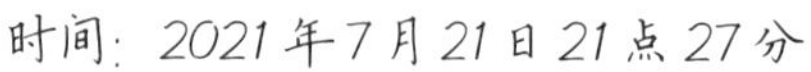
时间：2021年7月21日21点27分

天气：晴

气温：27℃

晚上，有些小河蟹爬到了荷叶上乘凉。有一只小河蟹还差点从荷叶边缘掉进水里。我想，它们今晚应该不会睡觉了吧，它们会一直欣赏这美丽的月色，直到天亮！

——六角龙鱼观察笔记

姓　　名：叶佳雨
年　　龄：10岁
作品名称：《自然笔记——六角龙鱼观察笔记》

名字:小黑、
喜爱的食物:鱼、虾、牛肉
性格:暴躁又粘人,时不时会用尾巴打水,提醒小主人它饿了。

①

6月29日，我去花鸟市场买了一条像龙一样的鱼，店主说它的名字叫“六角龙鱼”。我买了条黑色的，叫它“小黑”。

## 六角龙鱼的习性

养六角龙鱼最好用硬水（矿泉水），养殖水深不小于15厘米，不大于30厘米，水温控制在14~20℃，避免水温剧烈变化。六角龙鱼是食肉动物，不宜与其他水生动物混养，也不宜将六角龙鱼混养，如果缺少食物，它们会将对方的尾巴等部位吃掉，或把对方直接咬死。

名字:小卜灵
喜爱的食物:小鱼小虾
性格:温顺又高冷

②

## 六角龙鱼的样子

它左边有三条腮，右边有三条腮，上面长了绒毛。它呼吸时，六条腮会动。

它有四只脚，两只前脚有四根脚趾，两只后脚有五根脚趾。

7月3日，我看着小黑，觉得它很孤单，请妈妈买了一条橙色的六角龙鱼，起名“小卜灵”。

哇！有小鱼吃好开心。

③

我把小黑和小卜灵放到了一个缸里，它们互相追追打打，看起来很开心的样子。

④

我观察六角龙鱼后认为它虽然长得吓人，但是实际上生性胆小、“自然萌”。它们来自墨西哥的淡水湖，现在这种鱼很少能在野外看见，所以我们要保护好它们。

7月11日，两条鱼不知道在什么时候打架了，小黑把小卜灵的前爪咬下来吃了！我发现后，把它们分开了。

过了大约两个星期，小卜灵的前爪长出来了，原来它们的身体可以重生。

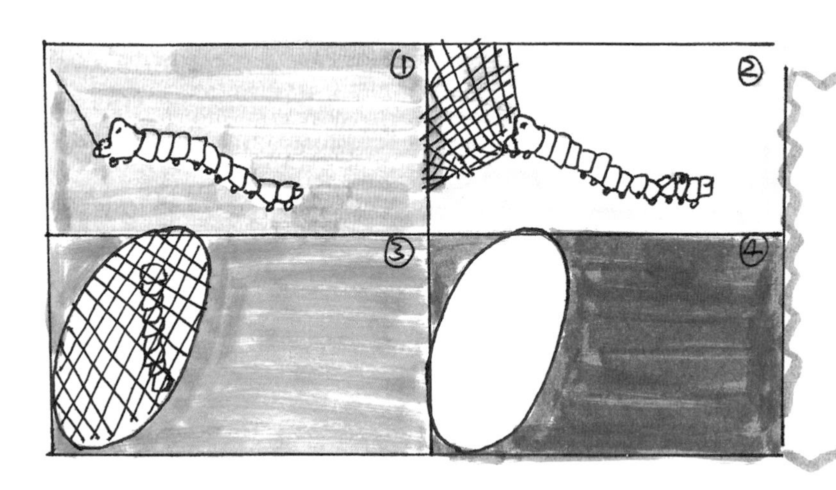


25天左右，蚕开始吐丝结茧，这时，需要把蚕放到“单间”里，它就会在角落的位置开始吐丝，越吐越多。这种环境能促使蚕茧的形成，约两天才能结成完整的茧。

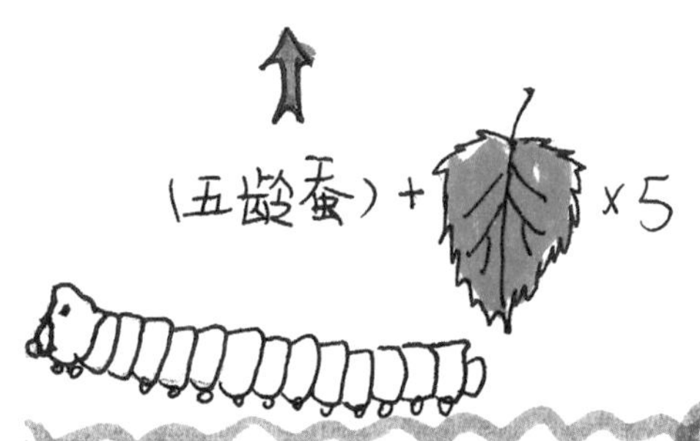


**姓　　名：**张文涛
**年　　龄：**9岁
**作品名称：**《蚕宝宝成长记》

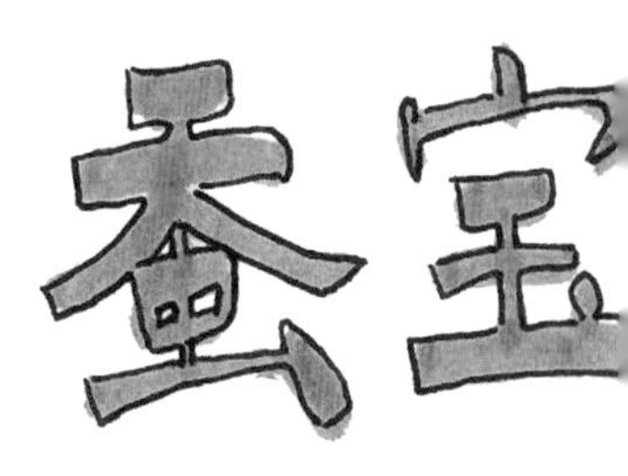


约8天，蚕宝宝最后一次蜕皮，变成五龄蚕，蚕宝宝变得很白、很胖，食量也变得很大，这个阶段持续了很长时间。

2021年4月10日，我开始孵化蚕卵。

时间：2021年4—5月
地点：家里
温度：22~26℃

约3天，蚕宝宝又开始蜕皮，变成四龄蚕，蚕换上新皮继续生长。蚕宝宝在蜕皮时，我们尽量不要干扰它，它的每次眠期大概持续1天。

约3天，蚕宝宝又开始蜕皮，变成三龄蚕，蚕宝宝开始变得能吃起来，每天需要吃很多桑叶，它们的身体开始慢慢变白啦！

哈尔滨市继红小学(南岗)三年一班，张文涛

经过12天的漫长等待，蚕蛾终于破茧而出。

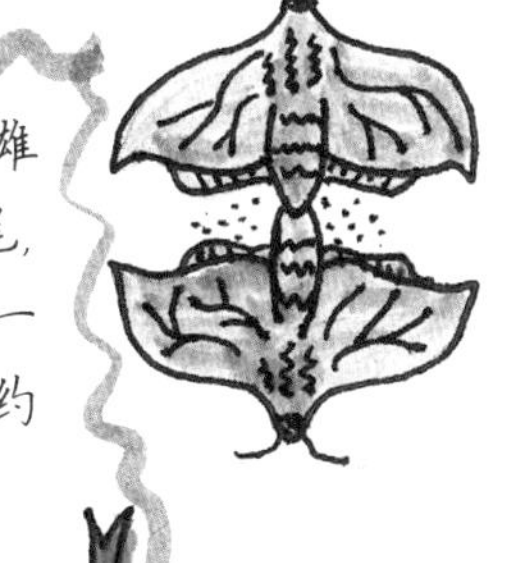

雌蚕和雄蚕进行交尾，产出蚕卵，一晚上可产出约500枚卵。

桑蚕是鳞翅目蚕蛾科动物，蚕从蚕卵中孵化出来时，身体的颜色是褐色或黑色的，极细小且多毛，幼虫每蜕一次皮会变更白，共蜕4次，成为五龄蚕，再过约8天成为熟蚕后吐丝结茧。

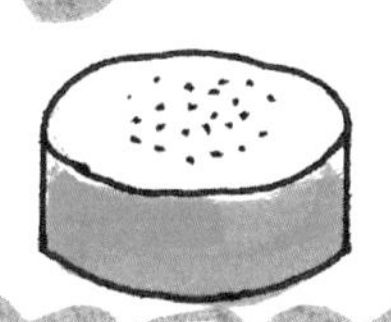

蚕卵，看上去像细芝麻粒，宽约1毫米，厚约0.5毫米，25℃左右时，蚕卵开始发育。

孵化成功，则从卵中孵化出来的蚕宝宝黑黑的，像蚂蚁，被称为“蚁蚕”，身上长满细毛，这时的蚕宝宝被称为“一龄蚕”，可以把桑叶剪碎喂它。

约4天，蚕宝宝开始慢慢蜕皮，变成二龄蚕。它蜕皮的时候不吃不动，看起来好像睡着了似的。

# 第三章

# 我笔下的美丽中国生态

# 「蓝花楹周边的小生命」

姓　　名：蔡滋琪
年　　龄：12岁
作品名称：《蓝花楹周边的小生命》

星天牛

蓝花楹

蓝花楹 or 蓝楹花？

它们是两种花吗？错啦！蓝花楹是蓝楹花的学名，它们都指同一种植物。

这里怎么会有一只星天牛？从它的触角来看，它应该是一只雌性天牛。它长约3厘米，宽约1厘米，它的鞘翅摸起来很光滑，上面还有许多大小不一的白斑呢！

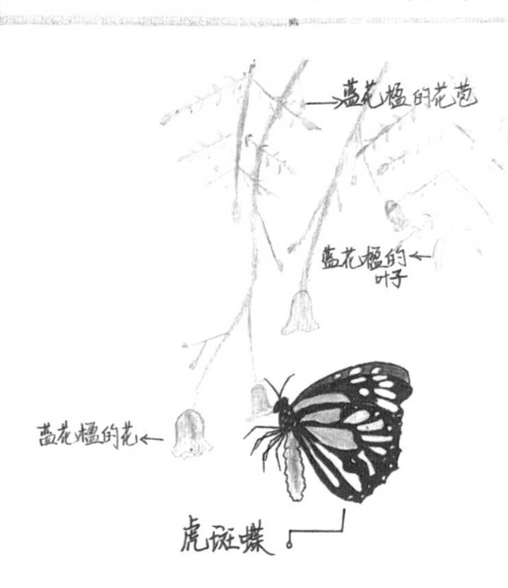


没想到在昆明的蓝花楹树上、树边有这么多小生命！但我并不喜欢天牛和蛾子，它们常会影响树木的生长，甚至让树木倒塌。

看，这里有一只蝴蝶！它是不是被蓝花楹的花香吸引过来的呢？妈妈说这种蝴蝶有毒，很危险。我不敢摸它。我通过目测，认为它展开翅膀后的长度大约是7厘米。

爸爸说这是种食叶害虫，该虫易暴发成灾，短期内将叶片吃光，会影响植物景观的效果。

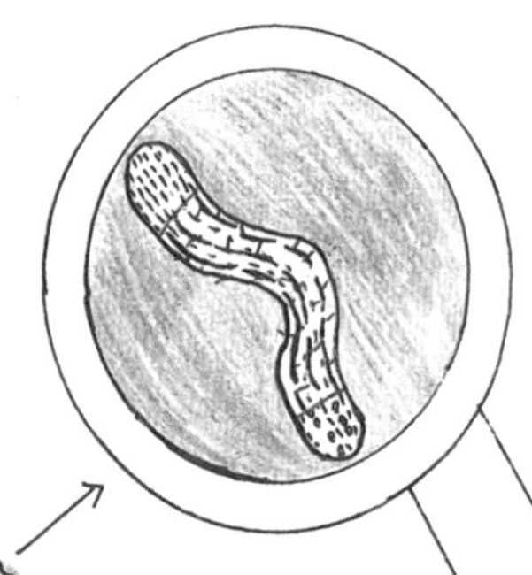

丝棉木金星尺蛾（幼虫）

时间：2021年6月26日
地点：昆明市五华区教场中路
天气：晴
观察对象：天牛、蝴蝶、蛾子等
学校：上海市闵行区浦江一中
姓名：蔡滋琪
指导老师：孙老师

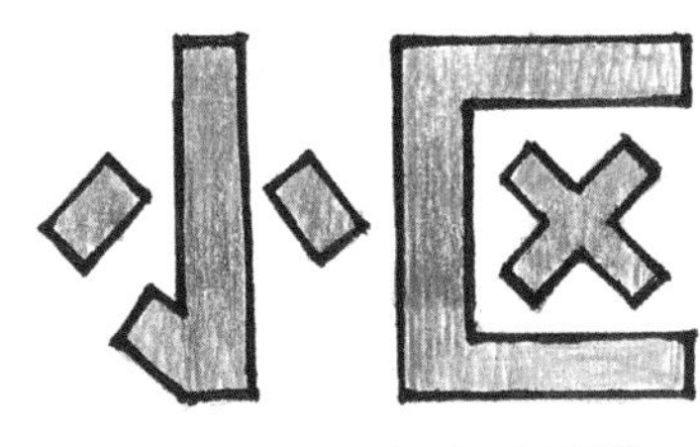

# 小区探春

柳絮是经典的初春代表，小区的池塘边全是这种“毛毛虫”。

2.5 厘米

时间：3月7日，上午
地点：齐恒路33弄凯德莲公馆
天气：小雨 8~12℃
记录人：梁潇

紫叶李花瓣

1 厘米

从繁忙的学业中抽身，发现自然的小美好，不禁令人身心愉快。

小雨中的大自然格外安静，只有几只鸽子盘旋，飞飞落落。

“咕咕咕”的叫声很大。
飞行时张开尾翼。

←出芽了，芽呈棒状。

发现小区东北方有一丛巨大的鹅掌柴。

还在下雨，娇嫩的花瓣上沾了露水。

一种叫声为“叽——喳喳”的鸟，飞得太快了没看清。

姓　　名：梁潇
年　　龄：16 岁
作品名称：《小区探春》

花瓣开始腐烂。

花苞长 1.5 厘米

三叉分枝

结香，由于离太远，无法进一步观察。

有很多皮孔。

浅色的地方是反光（下雨）。

金钟花，又称“黄金条”。

2 厘米

呈拱形下垂的枝

山茶是小区里目前开放数量最多的花，整朵花直径 8.5~9 厘米，不知有些花为什么开始腐烂了。

叶片边缘有细锯齿，主叶脉较对称。

发现有些叶子上有黑褐色斑点（我猜它有叶斑病）。

用手翻过来，发现雌蕊、雄蕊，解剖后量出雌蕊长 5 毫米，雄蕊长 6 毫米。

和手一比可以看出有多小了。

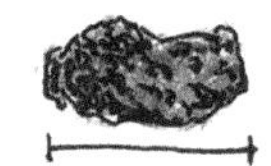
2 厘米

一块儿被雨淋湿了的粪便，也许是小区里的刺猬排泄的？

# 自然笔记之

姓　　名：冀禹辰
年　　龄：8岁
作品名称：《自然笔记之小区的春天》

200厘米以上

枝条

枝条细长，呈拱形下垂，纷披状生长，长可达2米，侧枝健壮，四棱形，绿色。

花朵

花冠呈高脚杯状，金黄色，外染红晕，先于叶开放，有清香味。

春

花

完全盛开的迎春花

顶端六裂，或成复瓣。

像一个小椭圆体。

时间：2021年2月6日
地点：长房时代城小区
天气：多云
温度：7~17℃

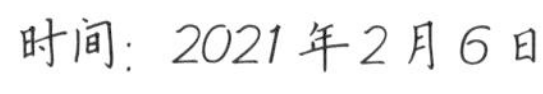

走进小区，一股花香扑鼻而来，那金黄娇俏的色彩宣告了春姑娘的到来，迎春花因其在百花之中开花最早而得名"迎春"。它不畏寒冷、不挑土壤、坚韧高洁、秀丽端庄。

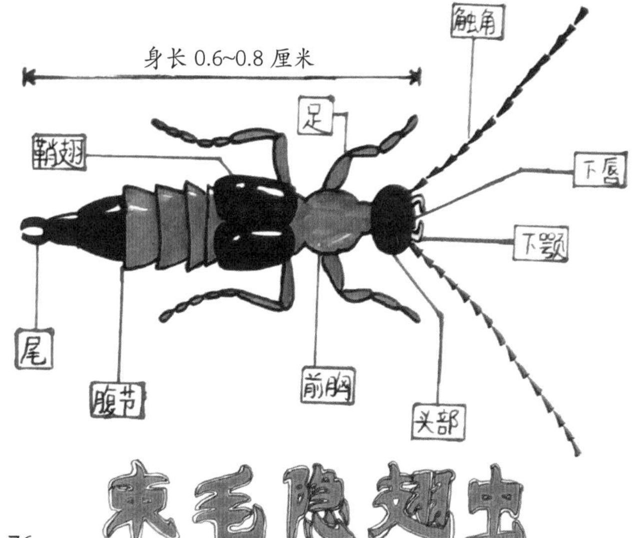


束毛隐翅虫

时间：2021年2月26日
地点：长房时代城小区
天气：小雨转阴
温度：5~7℃

临近3月5日的"惊蛰"节气，冬季里休眠蛰伏的虫子们纷纷爬出地面活动了。在小区的池塘边，我发现了一只束毛隐翅虫。

它是一种黑色蚁状小飞虫，因其虫翅藏于腹下不易被觉察而得名，又被称为"硫酸蚁"，它体内的强酸会导致人出现皮炎。妈妈说，发现它时不要拍击或压碎它，把它吹走即可。

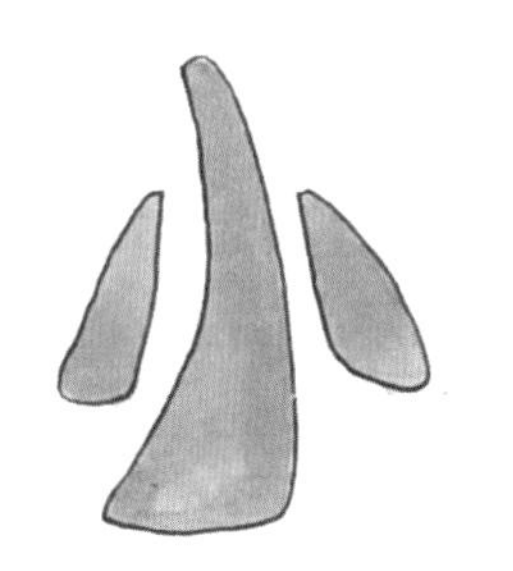

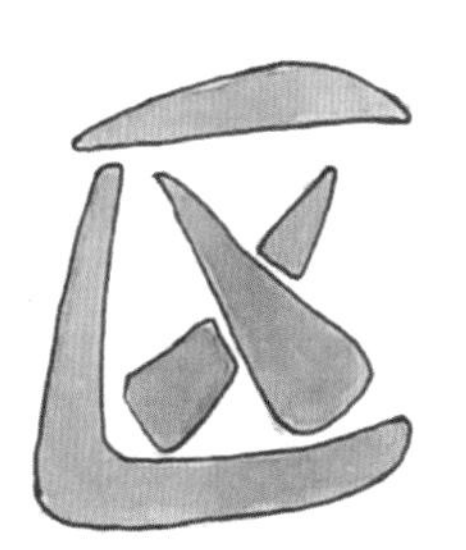

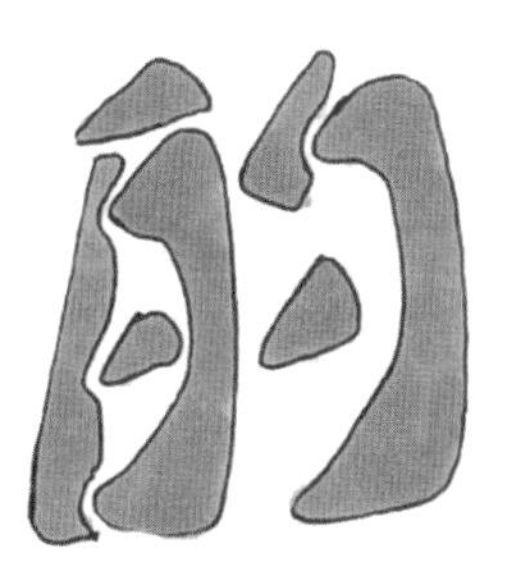

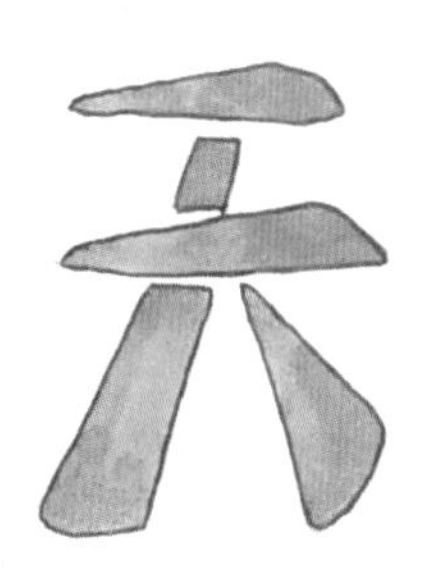


冀禹辰
岳麓一小
1902班

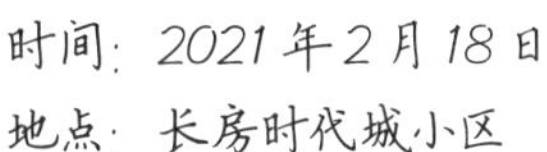

时间：2021年2月18日
地点：长房时代城小区
天气：多云转晴
温度：5~17℃

荠菜

茎高
20~50
厘米

5~6毫米
叶子
6~8毫米

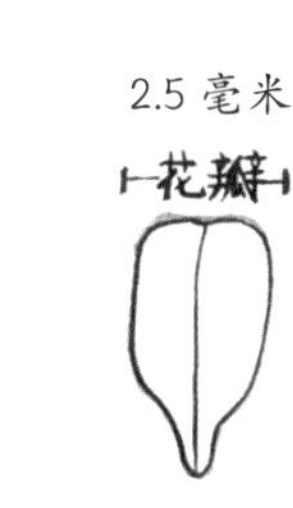


2.5毫米
花瓣

花芯

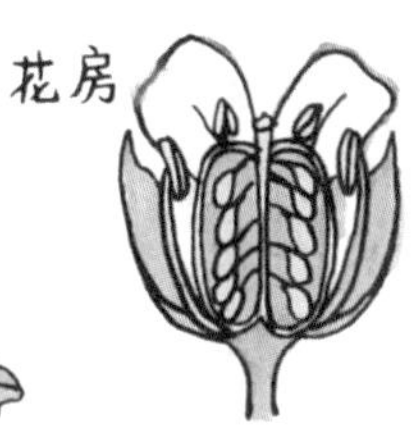


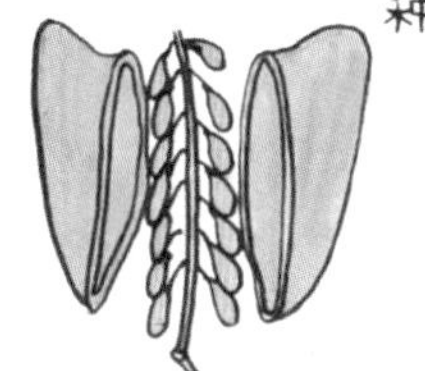

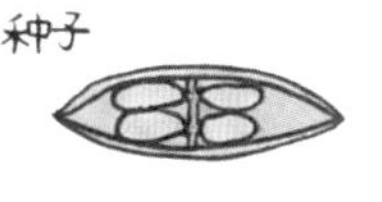


0.8毫米

种子20~25粒，
呈2行排列。

雨水节气后，草木萌动，小区的荠菜开始茁壮成长，它俗称“地菜”，属于十字花科植物，性喜温暖，耐寒力强，种子、叶子和根都可食用。每年三月初三吃荠菜煮鸡蛋时，我会在小区采摘荠菜。

时间：2021年3月14日
地点：长房时代城小区
天气：多云，微风
温度：13~22℃

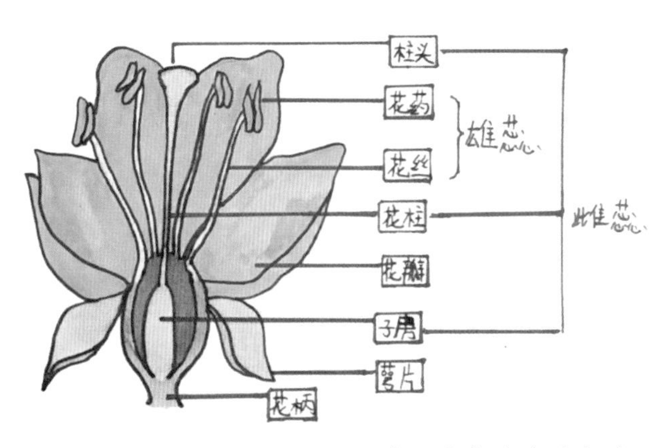


小区的桃花开了，它们就好像那窈窕婷婷的大姑娘，见到自己心爱的人，还没说话，却先红了脸。桃花属蔷薇科植物，叶椭圆状、披针形，核果近球形，花梗很短，几乎没有，花就像贴着树枝开的。我突然好期待6—9月果熟，吃到又大又甜的桃子！

地点：华东师范大学紫竹源荷花池
时间：2021年6月28日—7月31日
姓名：潘锐 三年级 华东师范大学附属紫竹小学
指导教师：孙慧

**姓　　名：** 潘锐
**年　　龄：** 9岁
**作品名称：** 《夏日荷塘》

2021年6月28日 中午 多云
我经常看见褐斑异痣蟌，今天它停在荷花秆上的时间很长，它的身体大概有4厘米长。

2021年7月31日
早晨 晴
荷叶边缘停着一只赤黄蟌，全身都是橙红色的。我每次想靠近它，它就飞走了，我觉得它是非常胆小的。

2021年6月30日
瓶子里生出两只蚊子，只活了两天。

2021年7月13日 早晨 晴
水黾的腿细细的、长长的，看着非常灵活。

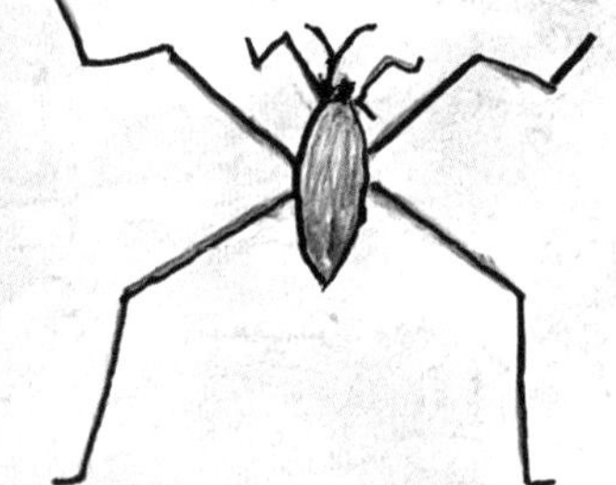
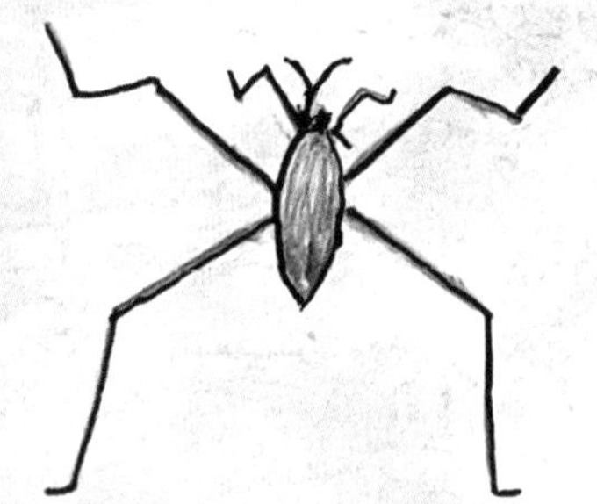

2021年6月29日 中午 晴
荷叶边有很多像弹簧一样的小虫，是孑孓。我用瓶子装了一些带回家养。

2021年6月29日 中午 晴

我观察了很久，发现异色多纹蜻特别喜欢停在荷花花苞的顶端，果然是“小荷才露尖尖角，早有蜻蜓立上头”。

2021年7月13日 早晨 晴

这种土黄色的蜻蜓我只看到过一次，长4~5厘米，我在手册上查到，它是雌性的红蜻。

2021年7月13日 早上 晴

一只金线侧褶蛙在荷叶上一动不动，可能它也在看蜻蜓，看出神了。

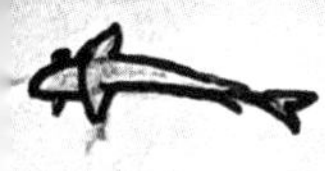

姓　　名：翁硕鸿
年　　龄：11岁
作品名称：《人与自然 "荷"你相约之小岭荷塘》

荷花，属山龙眼目莲科，是莲属植物的统称，又称"莲花""水芙蓉"等，是多年生水生草本植物。地下茎长而肥厚，有长节，叶盾状、圆形。花期6—9月，单生于花梗顶端，花瓣多数，嵌生在花托穴内，有红、粉、白等颜色，或有彩纹、镶边。

"荷"你相约之小岭荷塘

"江南可采莲，莲叶何田田。"盛夏正是赏荷时节，我跟随家人来到蕉城石后小岭村与荷花相约。

发现：

荷花是白天开放，晚上闭合的。原因是它开花离不开阳光，晚上没有阳光，无法进行光合作用制造养料，而且晚上温度降低，它的热量会被消耗掉，因此花朵就会闭合，这种现象也叫植物的睡眠运动。保持水分，花期才能长久。

花瓣

花托：表面多数散生蜂窝状孔洞，受精后逐渐膨大成为莲蓬。

莲蓬

叶柄：粗壮，圆柱形，长1~2米，中空，外面散生小刺。

荷叶：圆形、盾状，直径25~90厘米，表面深绿色，背面灰绿色，全缘呈波状，表面光滑，背面叶脉从中央射出。

正叶

反叶

莲子外衣，也叫莲子外壳，果皮革质，坚硬，熟时黑褐色，裹着白色的莲子。

莲心

莲子中间绿色的小叶叫作"胚芽"或"莲子心"。

此处荷花面积约40亩，多为白莲和红莲。荷叶如盖，高低错落，密密匝匝，长势旺盛。微风过处，绿浪翻滚，茎秆摇曳，红莲婀娜，白莲高洁，红白相映，点缀其中，宛如古典美女展露笑容，令人心神荡漾。我喜爱这“接天莲叶无穷碧，映日荷花别样红”的盛况佳景；喜欢这“小荷才露尖尖角，早有蜻蜓立上头”的活泼俏皮；更欣赏这“出淤泥而不染，濯清涟而不妖”的高洁无瑕。荷花给了我启示：它的精神值得我学习，它洁身自好的品行让我知道在学习和生活中，要不受恶劣环境影响，有坚定的信念，脚踏实地做最好的自己。

大自然是一本神奇的“书”，时刻都保持神秘感，我们要用心观察，用心体会，在学会知识的同时呼吁人们与大自然和谐共处。

科普知识

荷花、荷叶、莲子、莲藕，它们除了可食用，还可以入药，价值很高。如荷花可用于祛湿消风，荷叶可消暑利湿，莲子有健脾安神的功效。对了，我最爱喝的莲子百合汤中的莲子可去心火。最后是莲藕，它有清热凉血的功效，我最爱吃的凉拌藕片、排骨藕片汤既助消化，又助排便。

莲子

观察时间：2021.8.5
地点：宁德蕉城石后小岭村荷塘
观察人：翁硕鸿
学校：福建省宁德市蕉城区第二中心小学

藕尾
莲藕
根、须根
藕节
藕丝（人们常说，藕断丝连，说的就是它）

荷花凋谢后，泥里长出粗胖的莲藕。它可食用，生吃、做汤、凉拌皆美味可口。

自然
2021年7月19日，多云，29~31℃
大明湖景区的荷花亭亭玉立，但是在晚上会闭合，这是植物的睡眠运动。
姓　　名：张孟哲
年　　龄：8岁
作品名称：《自然笔记——泉韵》
7月23日，多云，28~30℃
黑虎泉景区五莲泉池子里有一只八哥鸟在洗澡，它非常喜欢凉爽的泉水。

# 笔记——泉韵

7月24日，雨后大明湖的南侧，冬青丛里有出来玩的猫咪三兄弟，黑花猫胆子小，一直躲在后面，另两只很友好。

7月24日下午，在雨后的大明湖，秋柳园西侧的一棵最高的大树上，有一只布谷鸟“布谷、布谷……”叫了很久。

7月24日，雨后的海棠果格外的鲜亮诱人，有绿色，有红色。

在琵琶泉南侧的小池子里有很多漂亮的小锦鲤，为黑虎泉增添了灵动的色彩。它们还是吃虫子能手。

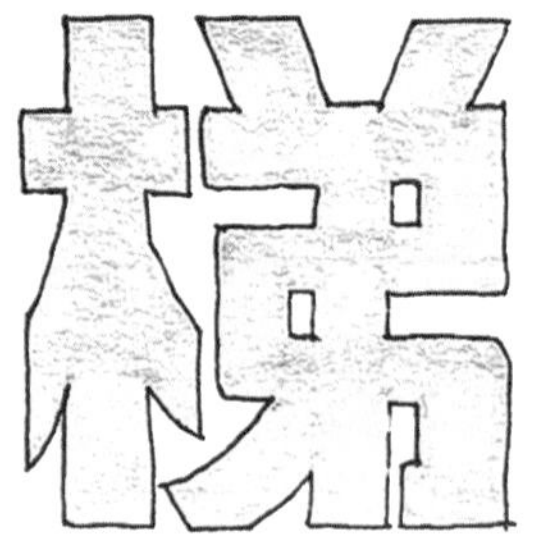

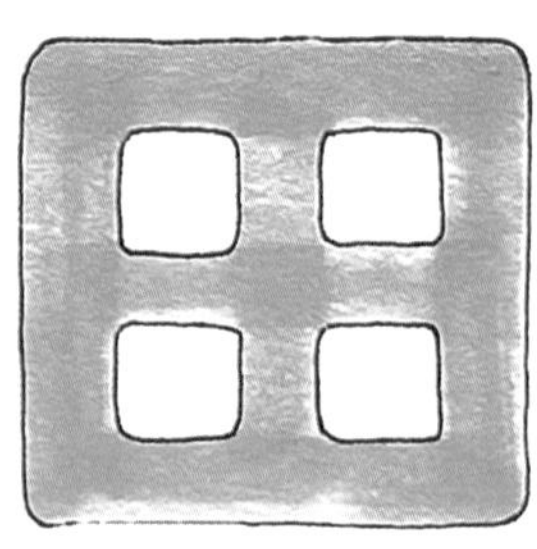


## 岱崮

姓　　名：徐梓贺
年　　龄：11岁
作品名称：《岱崮梯田》

沂蒙地区的崮形状特殊，崮顶非常平展，崮顶周围是悬崖峭壁，峭壁以下是平缓的山坡。听当地人讲述，由于崮上多岩石，植被覆盖率不高，遇到大雨，雨水会把山上宝贵的泥土从石缝中冲刷出来，出现大面积的水土流失，导致可耕种的土地越来越少。现在的岱崮已经变得郁郁葱葱，景色秀丽，通过实地观察我发现了荒山变林地的奥妙所在。

## 金银花

山脚土壤内含有大量碎石沙砾，农民因地制宜在这片区域种植大量金银花，金银花的花朵有黄的、白的，形状像小喇叭，喇叭口吐出丝丝洁白的花蕊，花蕊顶部是一粒粒黄色的花粉球，花香浓郁清甜、沁人心脾。

## 梯田

荒山变林地的奥妙所在便是梯田，当地百姓就地取材，捡拾崮上风化掉落的岩石，随着山坡地势砌成石埂，填入土壤，便成为用来种植的田池，无数田池层层叠叠直达崮顶底部，便形成壮观的梯田，梯田修好后山地坡度减小，水的侵蚀大大减弱。

时　间：2024年8月7日
地　点：临沂市蒙阴县岱崮西庄
天　气：多云转晴
记录人：徐梓贺

## 松果

6.5厘米

松果的样子像一座宝塔，外表如鱼鳞，通体黄绿色，质地坚硬，闻起来有股清香味。

## 松树

人们在崮顶种植松树林，强壮的松树枝干可以挡住崮顶掉落的滚石，保证梯田的安全。落下的松针腐化后会随雨水冲入梯田，成为天然肥料。

7.2厘米

## 栗果

栗子的果实是绿色的小刺球，密密麻麻的硬刺向不同方向伸出，摸起来很扎手。

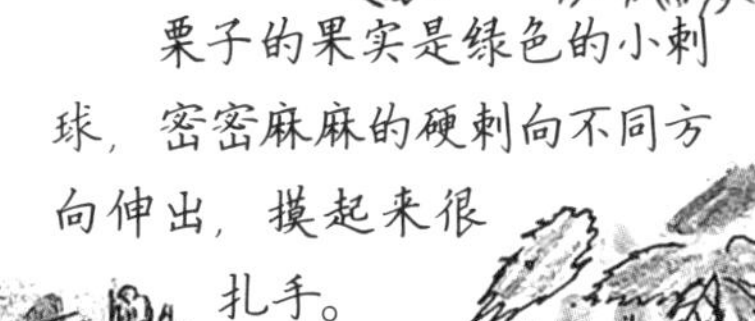

## 后感

沂蒙人因地制宜，就地取材，造就出梯田奇观，把贫瘠的山地转变成郁郁葱葱的肥沃良田，果树作物的种植既优化了生态环境，又增加了人们的农业收入，形成了人与自然和谐共处的美好局面。

## 板栗树

山腰梯田多种植板栗树，板栗树的根扎入土壤，让土壤更加凝聚，使水土得以长期保持。

## 石埂

石埂略高于梯田种植面，保证了水土流不出每一块田池。

**姓　　名：** 王义博
**年　　龄：** 10岁
**作品名称：** 《稻田卫士》

我们老家村里种植着大片有机水稻，由于农药的禁用，稻田成了蝗虫的乐园，危害了水稻的正常生长。而在今年，蝗害现象却得到了良好的抑制，村民们用了什么法宝呢？我打算到田间地头调查一番。

田里的水稻已经高50厘米左右了，挺拔地伫立在水田中，叶片像宝剑一样狭窄直挺，叶尖略下垂，水稻顶部已经抽穗，穗上开着许多小小的黄色稻花，有蝗虫爬到稻叶底下，我打算过去捉住它。

我捉到一只蝗虫进行观察，蝗虫通体绿褐色，头上两只大眼瞪得有神，头前端长有两根短触角，前胸背板坚硬，后腿强劲有力，还长有尖锐的锯刺，蹬起人来让人感到非常刺痛。正当我看得出神时，它两腿使劲一蹬，从我手中逃了出去，落在前面不远的一株水稻上。

突然水稻田里蹿过去一个黑影，吓了我一跳，定睛一看，原来是只小青蛙，它的头部扁平，眼大而突出，身体呈三角形，前腿短小，后腿粗壮。只见青蛙微微抬头注视着蝗虫，迅速张开嘴伸出舌头把蝗虫卷入口中，小蝗虫连个挣扎的机会都没有便进了青蛙的肚中。

此时，身边传来阵阵蛙鸣声，我恍然大悟，今年水稻免受蝗害，正是得益于这些小青蛙。4、5月村民特意保护田中的蛙卵，使青蛙种群得以壮大，小青蛙不断捕食田间害虫，随着它们慢慢长大，害虫减少了，水稻产量得以保证。这不正是人与自然和谐共生的典范吗？

# 奇妙的江滩

**姓　　名：** 潘语萌
**年　　龄：** 9岁
**作品名称：**《奇妙的江滩》

时间：2021.5.16
地点：汉口江滩
记录人：潘语萌
天气：有雨有太阳
指导老师：椰子老师 莴苣老师

不知名的昆虫：

它有标准的昆虫特点：一对触角，又圆又黑的脑袋，圆润细长的躯干，三对足。但它又很特别，翅膀上有黄绿色的迷彩色块。

瓢虫的身体外形呈半球体，亮橙色的鞘翅光滑且有光泽，上面有一些黑色的大小不一的圆点，这应该是一只幼虫，当瓢虫成年后，鞘翅就会变成红色。

乍一看，我以为是一只蜜蜂飞了过来，心里还想着不要被它蜇到才好。但当它飞近后，我仔细观察才发现，虽然它的腹部和蜜蜂一样都有黄黑相间的环形条纹，但食蚜蝇的腹部更瘦长，而且最明显的区别是食蚜蝇比蜜蜂少一对翅膀。

暴雨过后的江滩凉风习习，天空初晴，可见一抹彩虹。我作为在江边长大的孩子，虽然经常逛江滩，却少有机会像今日这般仔细观察。江边是一片芦苇荡，芦苇有两人多高。蛇床星星点点的白色花朵点缀着芦苇，淡雅又别致。甲壳虫、食蚜蝇等昆虫偶尔飞落在蛇床上。耳边不时传来阵阵清脆的鸟鸣声，循声望去，原来是三三五五的喜鹊。我第一次发现江滩如此奇妙，有如此丰富的物种齐聚一堂，仿佛是一片新天地。

蛇床的茎：直立或斜向上生长，有很多分枝，不是规则的圆柱体，表面有深条棱，比较粗糙，还有一层非常细小的白色绒毛。

蛇床的叶子：叶子不算茂盛，细细的叶子分成3小片，每一片都像鹿的角一样分叉生长。

蛇床的花：沿着主茎的顶端，如同伞架一样呈放射状生长出多个小茎，每个小茎顶端继续分叉长出多朵白色的小花，远看就像一把“花伞”。每朵小花有5片花瓣，细长的花蕊像触角一样从花中心伸出来。

在江边我还看到了喜鹊，它的头部、颈部、背部到尾部都是黑色的，翅膀呈深蓝色，在翼肩有一大块白斑。尾巴又细又长，约与它的爪齐平。嘴巴是黑色的，尖且硬，方便啄食。腹部表面以胸为界限，上黑下白。腿、脚都是黑色的。爪子锋利，可以牢牢抓住树枝，也可以很轻易抓住食物。

喜鹊的叫声是有节奏的“喳喳喳喳，喳喳喳喳”，谐音好像“喜事到家，喜事到家”，所以人们都很喜欢看到喜鹊。

芦苇：

沿着江水边生长，叶子又细又长，向两边自然下垂。茎也是细长的，有两个成人那么高，而且长得很密，形成了一道天然的防风墙。

# 赶海记

时间：2021年7月24日 晴
地点：山东日照万宝海滩
记录人：王启函 三年级
指导老师：孙慧
学校：黄浦一中心世博小学

姓　　名：王启函
年　　龄：8岁
作品名称：《赶海记》

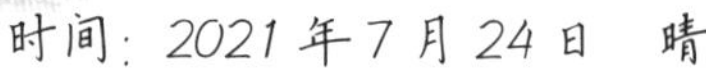

沙蟹的背甲是方形的，大的有2厘米左右，小的有1厘米左右，它的眼柄较短，眼球较大。

海星的身体直径一般为12~24厘米，它以贝类、甲壳类为主要食物。海星有很强的繁殖力，寿命可达35年。

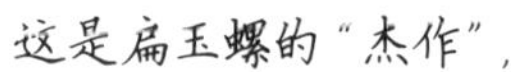

这是扁玉螺的“杰作”，它用齿舌在贝壳上钻洞，吸食贝肉，贝壳上便留下了小小的圆孔。

到了日照少不了赶海，当潮水退去，我和我的好朋友一起来到万宝海滩赶海。在海滩上，我们可以找到不同种类的小动物。这种喜欢躲在石头下聚集起来的小螃蟹叫“石头蟹”。当我翻开石头，它们会马上四处乱窜，我迅速地拿起铲子挖起一只，凑近闻了一下，一股浓烈的鲜味扑鼻而来，我觉得这就是大海的味道。

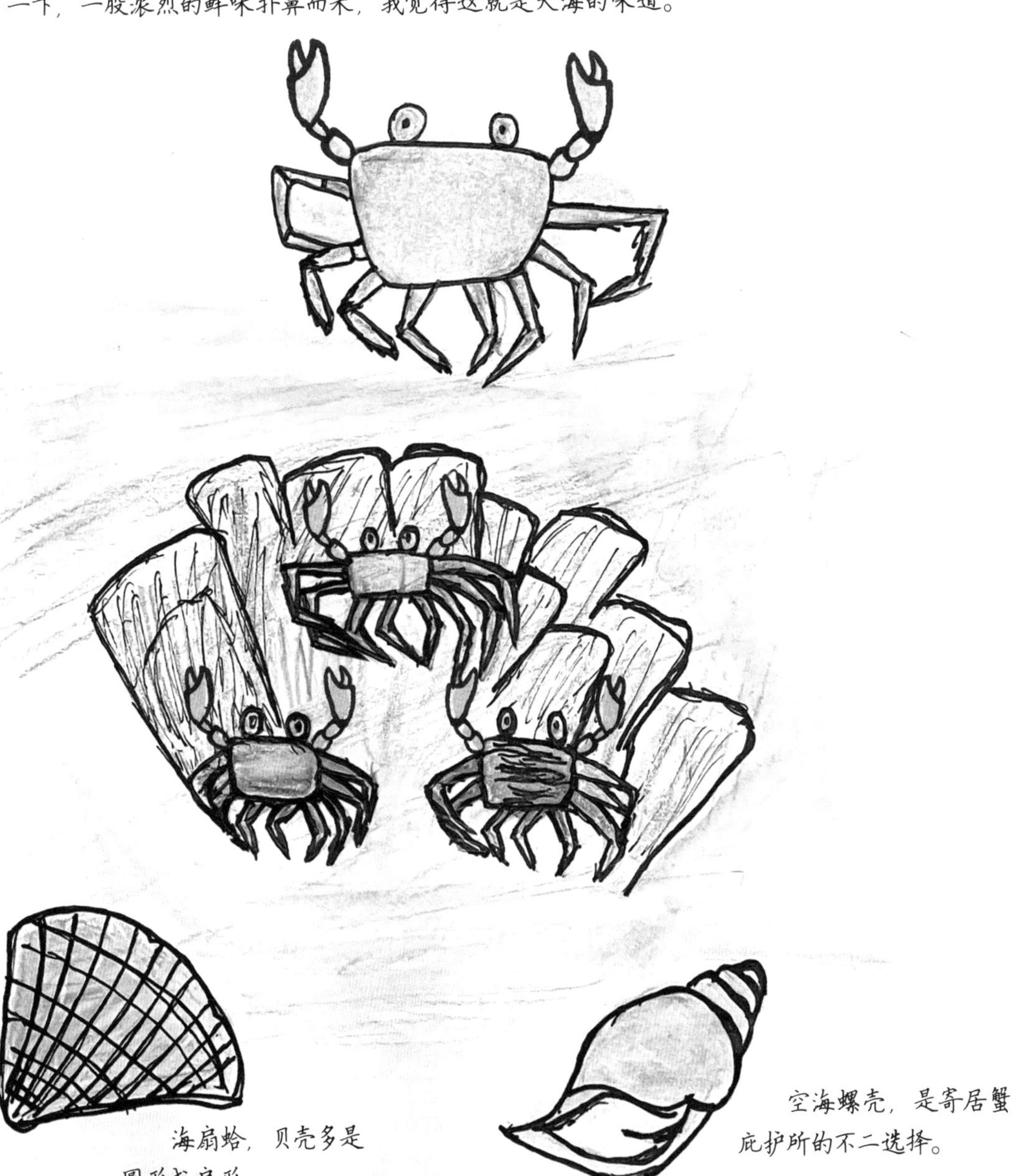

海扇蛤，贝壳多是圆形或扇形。

空海螺壳，是寄居蟹庇护所的不二选择。

因为它的叶子是5片成一叶，所以还有人把它叫作“五叶藤”。

你也可以叫我“钅
钱草”，原因是我圆
的、小小的，形状
像一枚铜钱！

它可抗菌，可消炎消肿，是一种药用植物。

我和妈妈在解放公园的湖边发现了3种植物，其中有乌蔹莓。妈妈刚看见它，就觉得它长得特别像“海葡萄”，那是一种生长在海里的、像葡萄一样一簇簇的海藻。我上网查询后发现，其实，乌蔹莓是一种葡萄科的植物。

香菇草的繁殖能力非常强，在水中的一小株很快就能变成大大的一捧。

姓　　名：王墨白
年　　龄：11岁
作品名称：《走进湿地——湖边探景》
香蒲
香菇草
惠济路小学
五(1)班
王墨白
采景地点：
解放公园
金色粉末
在湖边，我发现了这个“小巧的荷叶”，它实在是太像荷叶了！它有细细的茎、圆圆的叶子，有的地方还有少许褶皱，茎与叶衔接的地方有一个小白点，向外“射”出几条白线。这一切特征仿佛都在告诉我：它就是个缩小版的荷叶！
在解放公园的湖边，我和妈妈都发现了香蒲这种植物。妈妈说，小时候外婆把香蒲里的金色粉末撒在伤口上，过几天，伤口就好了！我查询后知道了金色粉末名叫“蒲黄”，本就是一种中药。

# 深圳湾的海

育才二小 四（8）班 李雨泽

我是一个生在深圳、长在深圳的孩子，从小我就和父母去海边游玩，我很好奇那一排排绿油油的红树为什么不怕又咸又涩的海水，茁壮地生长在深圳湾的海边，这些绿色的树像一座连绵的绿色城堡，它们是许多鸟儿的家，也是深圳人最喜欢的朋友。现在我已经是一名小学生了，我跟着老师和小伙伴们一起参加了两届华侨城湿地的艺术装置活动，在那里，我近距离地接触到了红树林。在工作人员的带领下，我们也认识和了解了许多关于红树林的相关知识，这让我更喜爱这种保护环境的植物了，我想把我了解到的知识分享给我的同学，让更多的人和我一起保护红树林，爱护环境，做一个环保小义工。

• 什么是红树林？

红树林是生长在热带、亚热带海岸潮间带，由红树植物为主体的常绿乔木或灌木组成的湿地木本植物群落，在净化海水、防风消浪、固碳储碳、保护生物多样性等方面发挥着重要的作用，红树林有"海岸卫士""海洋绿肺"美誉，也是珍稀水禽重要的栖息地和鱼、虾、蟹、贝生长繁殖的场所。

红树林植物在我国广东、广西、海南、福建、浙江等省（区）都有分布。

• 红树为什么不红？

对呀？为什么红树的叶子不是红色的呢？初遇红树林我也有这样的疑问，后来听到了红树的相关知识讲解后才明白。

红树林的英文名是 mangrove forest，mangrove 是由西班牙语里的红树（mangle）与英文的树丛（grove）组合在一起而形成的，源于葡萄牙语 mangue 和西班牙语 mangle，是"红树植物染料"的音译，这只是红树名称的一种解读。而真正的原因，应该是红树科植物体内都富含一种酸性物质——单宁酸，这种物质容易被空气氧化呈现红褐色，可能人们就是由于看到这种红褐色的树干，所以才给这些红树科的植物起名为"红树"吧！

• 红树的种类？

全世界的红树植物有 100 多种呢！我本来以为红树可能仅指一种叫"红树"的植物，但实际上能在这样的咸水区域里生长的植物有许多。按照红树在潮间带分布的情况来划分，红树可以分为真红树和半红树（也叫"类红树"）两种。

真红树就是生长在海岸潮间带里的植物，它们耐盐、受潮汐的影响，涨潮时，红树林的树干以下的部分几乎全都泡在海水中。真红树植物有秋茄、木榄、桐花树、白骨壤、海桑、无瓣海桑、海漆、老鼠簕、卤蕨等，真红树有独特的"胎生"现象。

半红树植物有黄槿、水黄皮、桐棉、银叶树、苦郎树等，这些植物不仅能在陆地上生长，也可以在海岸潮间带生长。

• 红树植物的叶子可以分泌盐块？

是的，你没有看错，这是真的。在烈日下的桐花树叶子上，你会看到一颗颗小小的白色晶体，没错，那就是盐的结晶体。原因是红树植物生活在海水潮间带里，那里的泥土长期与海水接触，具有高密度的盐分。有些红树植物的叶子上有特殊的盐腺构造，可以将盐分从叶子的表面排走，也有一些红树植物会把部分的盐悄悄地储存在一些老叶子的液泡里，当叶子落下时会把盐分带走，这样就防止盐分进入植物根部，从而保护根部。

红树的叶片为蜡质的厚角质层构造。外部的表皮细胞外壁厚且光滑，可以防止水分散失。
叶片的表皮之内还有可以储存水分的内皮层，它可以像海绵一样吸水。
红树植物的叶片都光滑饱满，这样可以反射阳光，减少水分蒸发。
• 红树的叶子

岸卫士
红树林
姓　　名：李雨泽
年　　龄：9岁
作品名称：《深圳湾的海岸卫士——红树林》
• 红树的种子如何传播？
在不具备种子发芽条件的潮间带区域里，这里的土壤含盐、海水含盐，红树植物想出了应对这一切的妙招。
胎生：不同于陆地上的植物，红树植物的种子成熟后，并不离开树妈妈，而是在树妈妈的果实中开始发芽，长成各种形状的胚轴，发育到一定程度之后，从树上脱落，掉入泥水再发育成长。假如它们没有遇到合适的泥土，它们会等海潮退了之后发育成长。这种特殊的生殖方式又称“胎萌现象”，是由特殊的环境造成的植物高度适应环境的结果。
木榄的胚轴
隐胎生：隐胎生就是非红树科植物的种子萌芽后，仍留在果皮内生长，把果皮填满。当果实掉入水中，果皮吸水胀破后，幼苗便会离开果皮生根长牢，把根系插入泥土里成长。
白骨壤的隐胎生
秋茄的胎生成长过程
海漂传播：像椰子、银叶树这类植物，并非胎生，它们的果皮表面有木栓纤维层，可使种子浮于水面之上，远漂传播，当遇到泥土后再生根发芽。
银叶树的果实
老鼠簕叶子上的盐晶
膝状根
呼吸根
支柱根
板根
• 红树的根
由于长期浸泡在海水中，红树植物的根质地不稳定也容易缺氧，所以红树植物进化出了四大类特殊的根系。支柱根：由树干分支出来向不同方向延伸的根，从不同方向牢牢支撑着树的主干。板根：侧根向上隆起一块儿厚厚的与树干基部相接的木质板状隆脊，它可以牢牢地支持根上的结构。膝状根：膝状的直立呼吸根突出泥土，它可以给植物根系带来更多氧气。呼吸根：细长的棒体伸立于水面之上，内部是海绵组织，有助于植物的气体交换。

# 如何做好大自然的向导

黄秀军　王芳芳

人类对自然的观察是早期自然科学和技术、艺术的发源，随着人类的发展、社会的进步，人类对自然的观察从来没有停止过。人类最初的自然观察是为了寻找食物和安全舒适的居住地，后来的观察开始探索自然现象及背后的原理和规律，成为科学发现的重要途径和手段。再后来，人类开始欣赏自然风景，拥有了美学感知，自然观察成为艺术欣赏和艺术创作的重要途径。

大自然是最好的学习场地，是我们成长的第一空间。走进自然并亲身经历自然的过程，发现自然之美，感受生命的力量，都可以疗愈我们的身心，减少孤独、忧郁、沮丧及注意力分散等情况。

走进自然，也是走向神圣的风景，大自然也能成为文学艺术的殿堂。

你听，从苍穹吹来的风似乎在散发着芳香的树枝间徘徊，阳光将温暖和幸福撒向绿叶。森林的野性气息，连同脂香和果香扑面而来，清新无比。美丽的森林之光，既不耀眼，也不昏暗，却能将宁静挥洒在人们心间。

人们的心灵随之被净化，紧张、焦虑、压力、苦闷等慢慢随风吹散了。

在大自然中，自然、科学、艺术被完美地结合在一起。在自然中学习，我们首先要让自己的心静下来，充分感受自然，特别是捕捉初见自然与刚踏入自然那一瞬间的感觉、印象。我们可以通过调查、分析，发现所处地区面临的主要问题，并分析导致问题产生的主要矛盾，可以通过创新设计，提出解决问题的方案。此时形成的创意如果是创造发明，那么只要有想法即可，不需要非常严谨地实现它。如果形成的创意是文学艺术创作，那就需要趁热打铁，追求一气呵成的效果，原因是一旦离开创作的环境，灵感就会上升为理性的感悟，成了“风干的玫瑰”，只见其形，不觉其味。

通过在大自然中感受自然，认识自然，发现问题，创新设计等过程，我们可以在自然的真实情境中立生态文明、人与自然和谐共生之德，教师还可以实现树可持续发展之人的教育初心。

在大自然中学习，首要的是培养自己的自然观察力，树立“在地”的理念。自然观察的主体是“我”，强调的是我的具身体验，而不是转述别人的经验。自然观察包括有意识的学习行为和无意识的信息捕捉，但无论是哪一类，都必须是观察者自身实践所得，通过阅读、聆听所获取的体验并不能作为自然观察的所得。

做自然观察要做好准备工作。我们可以通过观察前的系统阅读、讨论，具备必需的知识，通过一系列的积极心理建设，具备主动学习的意识，养成开放性思维习惯。我们还可以多参加正规的自然观察活动，这种活动为我们带来的专业性训练和经历对自然观察能力的提升有巨大帮助。如果我们参加太多不够专业的自然观察活动，就容易得到不完全正确的经验，这样的体验会对我们的成长起到负面的影响，请一定要注意这个问题。

即使没有机会参加正规的自然观察活动，每个人依然可以观察自然，拥有自己的秘密花园，进而通过观察自然，感悟自然之美，也让自己在与自然的互动中尽可能保留一片心灵的净土。

自然观察的目的在于探索、学习及体验自然，用五官及心灵去感受自然，这比单一地用头脑进行思考更能贴近自然，更符合自然观察的需要。我们可以通过阅读专业的图书学习“五官观察法”，练就敏锐的视觉、听觉、触觉、味觉和嗅觉，精准表达感知的信息。

从心理学的角度讲，观察的心理过程是辨识和对比，由此明确自然观察的技术要领为“识、辩、察、览”，关注的信息点为色、形、位、空间组合、数量、体积等。

自然观察的目的还有在我们发现有趣、惊奇的现象时，能有所思考，不要在观察时“视而不见”。观察中出现的熟视无睹，就是指没有进行思考的观察，有思考的观察是睹物而思。如果遇到当时想不通的问题，就会转入潜意识的思考过程，表现为沉浸其中、心心念念、难以自拔。

观察无处不在，观察时时发生，一切事物皆是观察对象，“处处留心皆学问”，就是这个道理。在观察时我们无须拘泥于科学方法论和规则，我们需要的是尽可能多地获取信息和体验，在这时，想象力比逻辑更重要。

我们应该向艺术家学习，原因是艺术家的观察力很敏锐，通过艺术家的视野，我们可以发现更多更美的“学习的风景”。我们还要像哲学家那样对观察到的信息进行思考和逻辑建构。我们进行自然观察时要尽力做到“小艺术家＋小哲学家”的完美结合。

自然笔记是通过以绘画为主的形式将自然场景进行记录，是一种图画与文字结合的自然观察日记，自然笔记本质上是一种科学考察、观察或实验记录。

走进大自然，我们自然观察的具身体验应当嵌入“意识－身体－环境”的复杂系统中进行理解。大自然给我们提供的是具身感觉而不是文本或符号化的知识，这种具身体验可以作为一种非正式、非表征的知识融入我们的内隐记忆，成为自然知识建构的内在机制，在克服“自然缺失症”的同时，也为我们的未来学习奠定了基础。

最后，特以爱默生《论自然》中的一句话送给读者：

> “如果一个人希望独处，那么就让他去看天上的繁星。”

作者：
黄秀军，华南师范大学副教授。
王芳芳，华南师范大学。

# 自然笔记：探索自然的“魔法地图”

陈红岩

“我知道一个特别神秘的地方，有你们绝对没见过的动物！”想象在一个温暖的下午，你突然停下滑板车，告诉两位小伙伴这个超级劲爆的消息。

“在哪儿？快带我们去！”即使是最胆小的姑娘，她的眼里也发出渴望的光芒。一支“探险小队”迅速组成，你自然是当之无愧的“队长”。

大家“约法三章”：第一，我们三人必须保持安静，绝对不能再带更多人；第二，我们只能在与小动物保持安全距离的情况下看它们，不可以有任何其他动作和声音；第三，我们一定要当保护它们的使者，不能由于我们的出现而带给它们任何危险。大家小心翼翼摸索到小区花园最幽深的角落，缓缓靠近茂密灌丛后的石块堆。你的心悬了起来：“我在自然笔记中提到的神秘动物，还会在那里吗？”

地上的叶片突然沙沙作响，石块后传来奇怪的“吱吱”声……大家立刻用力捂住嘴巴，充满惊喜之情。原来，一窝粉嘟嘟的刺猬幼崽就在那儿，大家平生第一次亲眼见到如此美妙的场景！

从此以后，你一举成为大家公认的“探险队长”，收获了许多忠实“粉丝”。为什么你总能带领大家展开“惊奇之旅”？原因是你的口袋里有一本画满自然秘密的“魔法地图”——自然笔记。

自然笔记是我们认知自然、记录自然、传递环保与自然精神的载体，自然笔记又是我们观察、学习、记录自然的个人笔记，标注着一个个“自然魔法”的隐藏地、作用原理、观察方法等。这一切，都是你的独特发现，就连科学家都不一定知道。

在 2017 年发布的《义务教育小学科学课程标准》中，小学科学课程的科学态度总目标之一是“对自然现象保持好奇心和探究热情，乐于参加观察、实验、制作、调查等科学活动”。自然笔记形式多样，有利于让大家观察、了解自然万物。想要做好自然笔记，需要完成三项主要任务。

任务一：拿起打开自然之门的“钥匙”——细致观察。大自然中物种丰富、环境多样，蕴藏着很多我们不知道的秘密。平日，我们走在校园里、街道上、花园中，一切似乎都很平常，实际上任何一平方米的土地上都有自然故事在上演。如果你想突破对自然的探索，请跟我做下面的练习：第一步，找到一片最普通的绿篱；第二步，自己一个人蹲在绿篱边，一寸寸检查绿篱下的“微观世界”；第三步，保持耐心。最初你也许一无所获，但你必须坚持 10 分钟以上，直到你发现第一个“未知生物”：也许是一只奇怪的甲虫、一朵漂亮的小花、一块儿奇怪的苔藓……然后，一个奇妙世界便会缓缓浮现：看似寻常的绿篱下，有很多形态各异的虫子、无名的美丽小花，还有相互攻击的蚁群，更有野猫、刺猬、黄鼠狼穿越的“秘密通道”。

如果你完成了上面的练习，你就拥有了制作自然笔记的头号工具：细致观察能力。有了这种能力，你就能在司空见惯的世界里，发现隐藏的“自然魔法世界”——几丛野草，隐藏着刺猬的巢穴；一条小径，隐藏着剧毒无比的曼陀罗；繁忙的立交桥下，正有一窝嗷嗷待哺的小雨燕，焦急等待着父母的归来……想要探索精彩的自然世界，一定要记住观察的两大要点：一是保持耐心，时刻告诉自己：多观察一会儿，多观察几次；二是保持安静，接近动物、植物时保持一颗敬畏之心，它们才会慢慢卸下防备。

任务二：研究“自然的魔法”。换句话说，我们要对观察到的自然现象，给出科学的解释——唯有“知其然，又知其所以然”，我们才能更准确地理解自然万物。研究工作看似枯燥，其实特别有趣！只需三步即可：

第一步，“问名字”。向父母、自然老师提问观察目标的名字，他们能给我们最初的建议。如果他们也不知道，就只能动用“秘密武器”——每个地区都有自己的常见植物图鉴、常见动物图鉴、常见鸟类图鉴，在图书馆或网上借阅很方便，只要找来图鉴“按图索骥”，很容易就能找到观察目标的名字——这是我们进一步研究的关键线索。

第二步，“查秘密”。我们可以用名字为关键词，在一些科学数据库中进行检索。此时，我们会发现：每种生命的资料都浩如烟海，仿佛无穷无尽的宝藏，这些知识与我们的观察相互碰撞，会激发我们产生更多的灵感、思路与疑惑，我们要抓住它们深入研究，做好笔记，再返回自然中继续观察……如果我们开始了这样的循环，我们就已经开始了科学研究活动。

第三步，“绘地图”。把上面的观察与研究绘制成自然笔记，就是专属于我们的“自然魔法地图”——它由两条“魔法路径”组成：一是“观察的路径”，记录我们如何寻找与观察某种独特的自然现象；二是“研究的路径”，记录我们如何研究与解读这种现象。试想：如果你积累了一本厚厚的“魔法地图”，你怎么可能不是大家的“探险队长”呢？

任务三：探访几个“自然大本营”。虽然我们身边有很多自然场景，但有些地方绝对是不可错过的“宝藏之地”。比如植物园与动物园，它们是植物或动物的大本营，而且每个物种旁都标注着它们的名字，特别便于我们进行研究；再如自然博物馆，那里是动物、昆虫、微生物的大本营，虽然只展示标本，但物种更加全面。去过这些地方，我们还要去一趟森林公园与湿地公园，这两个地方有个最大的特点：拥有完整的自然生态系统——在这里，我们能观察到自然万物究竟是如何相生相克、共同进化与演变的。探访过以上几个“自然大本营”，你一定会眼界大开，成为更加合格的“探险队长”。

许多同学会问：“制作自然笔记，真有那么容易？”答案是：只要你迈出观察自然的第一步，大自然就会像母亲一样，拉住你的手，带你自然而然地走下去。在这条神秘旅途中，充满了惊奇与喜悦，是动漫、网络与游戏所无法比拟的“魔法旅途”。

作者：

陈红岩，国家植物园科普馆副馆长。

# 如何撰写自然笔记

肖 翠

随着社会发展和生活水平的提高，无论对于大人还是孩子来说，家、学校，甚至我们生活的城市，已经无法满足我们的探索欲望。越来越多的人跨越空间或拓展自己的关注领域，这为自然走进我们的视野提供了可能性，自然观察应运而生。自然观察就是对自然细致、全面的观察。

自然观察是谁都可以做的，但1000个人有1000种观察结果。这也正是自然观察的魅力所在！如何将观察的过程、结果、所思所想呈现出来？自然笔记就是一种主流表达方式。那么，什么是自然笔记？我们应该如何做自然笔记呢？

## 认识自然笔记

自然笔记最初的名字叫作“自然日记”，就是规律地观察、记录、认识、体会和感受自然，它是整个自然笔记的核心。广义的自然笔记包括一切用文字、绘画、摄影、声音、影像、身体感知、科普实验等方式所进行的自然记录和表达，因此可谓品类繁多、样貌纷呈。而狭义的自然笔记指用绘画与文字相得益彰的方式进行自然记录与表达。自然笔记的表现形式多种多样，可以做标本，做生物（植物、动物、微生物、生态系统、景观等）手绘，进行摄影，采用文字＋手绘等方式。随着相机和手机的普及，越来越多的人在尝试摄影＋文字的形式。

自然笔记是一种生活方式，而不仅是记录大自然的方法。它告诉我们：只要你有一双善于发现的眼睛，自然不仅在遥远国度和偏僻荒野，还可以近在咫尺，在时时处处。只要你是个有心人，走出家门的任何地方，乡村、山野、小区花园、城市绿地、公园、湖边、保护区……带上一个小本子、一支笔，就可以记录自然。

自然笔记也对我们有所要求，它需要我们多读书，有良好的阅读习惯；需要我们多想，对所见所闻进行自我思考，对身边万物进行自我联系；需要我们多写，最好养成写日记的习惯；特别需要我们有温度，有感知力，有自信而强大的内心世界，也就是我们通常说的有趣的灵魂，对周围一切不麻木，有感知。

## 观察是自然笔记的前提

想要输出，要先输入。自然笔记也不例外。自然观察是自然笔记的前提。我们要尽量培养自己系统观察、细致观察、多角度观察的习惯。

叶子是随处可见的自然物，我们以植物的叶子为例，看看应该怎么引导自己系统观察呢？叶子是光合作用、呼吸作用、蒸腾作用的主要参与者。植物的叶子有很多秘密，比如叶子舒张的角度、叶子的数量、叶子的大小等，都与其最大程度参与光合作用密不可分。而我们在进行自然观察时，不仅要观察叶子的正面，还要观察叶子的背面，既要观察叶子的完整结构，也要观察叶子的一些特殊结构，比如密刺。

从叶形的角度去观察：叶子有扎人很痛的针形；叶子有中间长、两端尖的披针形；叶子有叶尖宽、叶基窄的倒披针形；叶子还有条形、卵形、倒卵形、椭圆形、圆形、箭形、心形、肾形……这么多形状，是不是可以成为我们观察的素材呢？我们可以通过数一数不同的叶形数量，评估小区或校园中的植物多样性。我们再来看看叶缘，即叶子的边缘。叶缘的形状有全缘，锯齿，重锯齿，圆齿，波状、刺状锯齿等。我们找几片叶子，看看它们的叶缘有相同的吗？此外，单叶、复叶、叶序、叶片的分裂方式等也是很好的系统观察的素材。

除了最常见的叶子，植物还有根、茎、花、果实、种子等器官，都是我们自然观察的对象和素材，值得我们细细探究。我们需要走近观察对象，慢下来观察和探究。我们还需要尽可能调动自己的五感去参与探究：闻一闻，用鼻子感受气味；在保证安全的前提下，摸一摸，从触觉的角度感受植物；屏住呼吸听一听，尝试与植物通过“对话”的方式进行交流；还要有意识地培养自己与植物之间的情感链接。经过这样的深入互动，相信我们一定能用自己的语言，讲述自己与植物之间的故事。

观察对象不是最重要的，发现让我们感兴趣的观察对象才是最重要的。有趣的观察可以润物细无声地让我们喜欢上主动探索，只有开始了主动探索，才会有创作的可能性。

### 自然笔记的创作重点

自然笔记建立在观察的基础上，所以确定观察主题是很重要的。我们对观察对象没有要求，它可以是植物、动物、微生物，甚至从生物多样性的角度来看，也可以是一块儿石头、一朵白云。但它一定要是我们感兴趣的事物，原因是兴趣可以激发一切能动性。

接下来我们就需要确定自然笔记的形式，形式只是表达的一种方式，可以是日记、游记、行走路线的记录、重点物种的记录。

在表现方式上，建议用我们最擅长的方式，可以是一段文字、拍摄照片＋文字、手绘＋文字、制作标本＋文字，甚至可以是剧本、诗歌、杂体等。只要愿意输出，表现方式可以选择自己最擅长的方式。擅长会让我们更自信，越自信就越能表达，越能输出。

创作技巧在于记述时要娓娓道来，有故事性。无论是绘画还是写作，都需要通过作品讲述一个完整的自然故事，并带有自己的观察和思考。如果读者可以通过作品产生通感或共鸣，那么自然笔记就是成功的。

在语言搭配的写作手法上，我们可以积极应用语文中常用的排比、引用等，这些都是作品的加分项。而自然笔记的重中之重是，不管创作哪种题材的自然笔记，我们一定要倾注情感，带着感情与大自然赴约。在作品中体现自我链接、自我思考，这是非常重要的。

如果我们没有生物学背景，也不需要感到畏惧，目前很多识别软件可以帮我们解决“这是什么”的难题，我们要善于有效应用现代化手段，帮助自己积攒自然素材。

### 寄语

大自然是最无私的，它毫无保留地把它的美好献给每个用心观察它的人。它是我们创作的灵感源泉。从眼前的自然到精神的鼓舞，希望我们能将所见所闻与自我观察、思考结合起来，呈现更多的自然作品。

感谢生态环境部宣传教育中心连续多年开展“美丽中国，我是行动者”青少年自然笔记征集活动，让更多学校、家庭、孩子有机会了解自然笔记，鼓励更多人走进自然，感受人与自然和谐共生，体会大自然的奥秘和美丽，培养孩子对建设美丽中国的信心和向往。从国家到个人的努力，自然与我们会发生更多的美好故事。未来可期！

作者：
肖翠，中国科学院植物研究所。

记录我眼中的美丽中国

姓　　名：______________

年　　龄：______________

作品名称：______________